丛书主编　诸大建

绿色发展文丛

Pursuing Sustainability
A Guide to the Science and Practice

追寻可持续性

科学与实践指南

［美］帕梅拉·马特森（Pamela Matson）

［美］威廉·C. 克拉克（William C. Clark）　　著

［美］克里斯特·安德森（Krister Andersson）

丁进锋　李　俊　译

上海科技教育出版社

图书在版编目（CIP）数据

追寻可持续性：科学与实践指南 /（美）帕梅拉·马特森,（美）威廉·C.克拉克,（美）克里斯特·安德森著；丁进锋，李俊译. -- 上海：上海科技教育出版社，2024.12. --（绿色发展文丛）. -- ISBN 978-7-5428-8276-9

Ⅰ. X22

中国国家版本馆CIP数据核字第2024GF4885号

丛 书 总 序

第三个里程碑的思想经典

可持续发展战略的发生、发展，在世界上有 3 个里程碑式事件。第一个是 1972 年在瑞典斯德哥尔摩举行的联合国人类环境会议，第二个是 1992 年在巴西里约热内卢举行的联合国环境与发展大会，第三个是 2012 年在巴西里约热内卢举行的联合国可持续发展峰会（又称"里约 +20"峰会）。

每个里程碑的时间相差 20 年，这期间出现了一批各具代表性的绿色经典著作，累积形成了可持续发展的思想宝库。20 世纪 90 年代，北京大学吴国盛教授牵头在吉林人民出版社出版了第一个里程碑时代的一些绿色经典著作，包括《只有一个地球》（1972）、《增长的极限》（1972）、《我们共同的未来》（1987）等。21 世纪初，由我主持在上海译文出版社出版了第二个里程碑时代的一些绿色经典著作，包括《超越极限》（1992）、《商业生态学》（1994）、《超越增长》（1996）等。在上海科技教育出版社支持下，策划出版这套"绿色发展文丛"，是要介绍第三个里程碑时代的一些绿色经典著作。

在过去的 50 年中，可持续发展的思想是不断深化的。如果说 1972 年第一个里程碑提出了经济社会发展需要加强生态环境保护的问题，1992 年第二个里程碑强调了要用可持续发展整合环境与发展的思想，那么 2012 年第三个里程碑以来的思想进展，主要表现在对可持续发展的认识需要从弱可持续性向强可持续性进行升华，大的趋势可以概括为如下 5 个方面：

第一，可持续发展思想需要区分强与弱。可持续发展的基本问题在于一种选择，即主张没有地球生态物理极限的经济增长，还是追求地球生态物理极限之内的经济社会繁荣。强调前者是弱可持续性观点，强调后者是强可持续性观点。过去 10 年间的科学研究,发现地球上的 9 个地球生态物理边界已经有 4 个被人类活动突破,其中最典型的就是全球气候变化和生物多样性问题,这证明自然资本与物质资本之间具有重要的不可替代性和互补性。学术界提出了人类世的强可持续性概念,强调人类发展需要在地球生物物理极限内实现经济社会繁荣。

第二,可持续发展要求从技术优化向系统创新迈进。绿色发展通常有两条路线:一条是路径依赖的技术优化和效率改进路线,不涉及科学技术和经济社会的系统变革;另一条是非线性、颠覆性的系统创新路线,要求通过经济社会发展模式变革来大幅提升资源生产率。在经济社会发展存在生态环境红线的背景下,人类社会的可持续发展需要强调颠覆性的系统创新,而非普通的技术优化。联合国通过的《巴黎气候变化协定》,实质就是非线性的系统创新和社会变革,人类发展要变换跑道,在 30～50 年的时间里用新能源替代化石能源,最终实现碳中和。

第三,可持续性导向的转型需要有不同的模式。与传统增长主义的 A 模式有别,可持续发展导向的社会转型,理论上需要区分两种模式:一种是发达国家的先过增长(overgrowth)后退回模式,国际上称之为 B 模式或减增长(degrowth)模式,即发达国家的物质消耗足迹已经大大超过了地球行星边界,需要在不减少经济、社会福祉的前提下将其降回到生态门槛之内;另一种是发展中国家的聪明增长(smart growth)模式,即发展中国家的当务之急是提高人民的生活水平和生活质量,但要利用后发优势使物质消耗足迹不超过生态承载能力,这是我们做可持续发展研究时强调的 C 模式。

第四,文化建设需要独立出来,发挥软实力作用。联合国"里约 +20"峰会和 2015—2030 年全球可持续发展目标(SDGs),强调可持续发展战略包括经济、社会、环境和治理 4 个支柱。近年来越来越多的研究认识到,文化建设需要从社会建设中独立出来,强化成为具有黏合性和渗透性的可持续发展的软实力:一方面起到整合物质资本、人力资本、自然资本 3 种发展资本的作用；另一方面起到协调政府机制、市场机制和社会机制3个治理机制的作用。"五位一体"的中国式现代化包括经济建设、政治建设、文化建设、社会建设和生态文明建设5个方面，已经强调了文化建设是可持续发展的重要独立维度。

第五，可持续发展需要发展可持续性科学。可持续发展的推进和深化需要理论思维，而可持续性科学正是有关可持续发展的学理研究。过去10年来的研究进展，充分认识到没有可持续性科学指导的可持续发展实践是盲目的，没有可持续发展实践作为基础的可持续性科学是空洞的。可持续性科学的发展，不是单个学科所能承担的，也不能变成各个学科的大杂烩，而应定位为不同学科面对共同问题去创造可以共享的元概念和元方法，各个学科需要在整合性的范式之下各显身手去研究可持续发展的具体问题。可持续性科学的发展趋势，是超越多学科（multi-）和交叉学科（inter-）的研究现状，走向跨学科（trans-）的知识集成和整合，发展具有范式变革意义的崭新本体论、价值观和方法论。

2019年6月，习近平主席在第23届圣彼得堡国际经济论坛全会致辞时指出，可持续发展是破解当前全球性问题的"金钥匙"。可持续发展是在联合国大会上一致举手通过的发展理念和全世界认同的国际通用语言，中国生态文明和中国式现代化的实践是当今世界上最大的可持续发展实验室。出版这套丛书，我们希望有助于社会各界特别是决策者、企业家和研究者去了解可持续发展第三个里程碑以来出现的一系列新思想、新理念，在中国式现代化与可持续发展之间加强对话，进而能够运用中国故事和中国思想加速国际上可持续发展的深入推进。

"绿色发展文丛"主编 诸大建

2019年7月于同济大学

前　言

　　如何充分运用我们所拥有的知识来推进可持续性(sustainability)？本书就此提供了一个基本框架来帮助感兴趣的人。笔者希望本书能够同可持续性领域的众多专著、课程和项目互补，它们聚焦的主题包括土地和水资源的利用、能源和食物的生产、企业责任、治理和冲突解决所面临的挑战、对减贫和公平增长目标的追求。我们的目标不是取代这些细分方向上的努力尝试，确切来说，正是出于对各项间相互关系的理解，我们将简要描绘关于可持续性的全景透视，从而将这些努力的成果置于更广阔的背景中。因此，本书既可作为可持续能源、可持续农业或可持续城市化等专题课程的伴读手册或背景读物，还可作为简明指南或入门读本，应追寻可持续性的各层次学生和实践者所需提供更为系统且全面的知识基础平台。

　　出于上述目的，笔者力图将本书写成与读者之间就可持续发展(sustainable development)的重要话题展开的一场友好探讨，而非必须讲赢的滔滔雄辩。这意味着我们为使正文尽量简短、可读性强而放弃了一些重要话题，也意味着我们通过合作的方式得以处理范围更广的可持续性相关材料，这是任何一位作者都无法单独完成的，但在此范围内，我们专注于讲述一个明确的跨学科故事。本书应写成容易上手的入门读本或伴读手册，在这一原则的指引下我们回避了正文中的过量引用，这有助于控制书末推荐的"拓展阅读"的篇幅。此外，我们还坚持向"学术黑话"(disciplinary jargon)发起斗争，在这场战斗中我们深知自己离大获全胜尚远。为了降低无法除尽的"学术黑话"带来的伤害，我们为读者提供了附录中的扩展术语表。希望通过作者团队的努力, 加上读者自身的激情、知识和经验, 我们能够携手推动世界朝向可持续状态转型。我们大家及子孙后代的幸福都有赖于此。

目　录

第 1 章

追寻可持续性：引论

可持续性一词已经成为我们耳熟能详的术语了。企业为了标榜自身的可持续性，努力在商业计划和供应链中制订可持续目标、措施和指标。国家和地方政府也设立可持续目标并努力寻求实现之道，包括规定效率标准和实践做法，鼓励使用公共交通系统，激励公民在生活中实践 3R 原则——源头减量（reduce）、重复使用（reuse）和回收循环（recycle）。各大学对可持续性奖项展开角逐，这些奖项的奖励范围广泛，从提高水和能源的利用效率到可持续性课程的建设。研究者专注于开发推进可持续性的新知识和新技术。消费者会因为关注可持续性而选择购买有机食品或已认证的可持续海鲜、可持续木制品。公民出于对子孙后代的责任感，努力减少自身在地球上留下的环境足迹。

可持续发展是另一个广为人知的术语，它是欧盟与其他发达国家、发展中国家的基本目标，经常出现在联合国、世界银行和非政府组织如国际救助贫困组织（CARE international）、世界自然基金会（WWF）的高层辩论中。世界可持续发展工商理事会（WBCSD）拥有众多在业界领先的跨国公司会员。它们以及类似的机构一同致力于帮助国家、企业和社区获得"发展"——不仅是短期意义上的发展，还有基于人类长远利益考虑的发展。

尽管"可持续性"和"可持续发展"作为术语经常被不同的群体分开使

用, 但两者的用法在大多数情况下体现出非常重要的共通认知: 为了保障人类实现当下与未来繁荣的能力, 我们需要强化关注的地方不仅是经济和社会的进步, 还有对地球**生命支持系统**的保护, 后者指繁荣前景所依赖的自然资源和基本环境过程。正是由于这种共性的存在, 在本书中我们将交替使用这两个术语。我们相信本书传达的关键信息对它们两者都很重要。

可持续性思维 * 的演进

可持续性并不能算新理念。世界上的各种社会早已认识到 "需求量不超过环境长期供给能力" 的重要性, 这种观念的历史长达数百年。在由来已久的各种思想中, 这一认识显而易见, 如休耕田地、保护猎物和水资源。然而, 现代形式的 "可持续发展" 概念之所以广为人知, 要归功于 1987 年的联合国世界环境与发展委员会 (WCED)。时任委员会主席布伦特兰夫人 (G. Brundtland) 写道: "环境是我们生活之处; 发展是在此环境中, 我们为改善自身命运所做的所有事情。两者不可分割。"[1] 委员会认为, 可持续发展意味着这种发展 "既能满足当代人的需求, 又不会损及子孙后代满足其需求的能力"。为了应对想要挑战证据的人, 该报告提供了详尽的文献佐证, 因此其结论堪称毋庸置疑: 向可持续发展转型意味着必须阻止并逆转全球环境与自然资源此前日益扩大且加速的恶化趋势。

自 WCED 呼吁全球行动以来, 联合国通过大量会议和协定强调了可持续性转型的紧迫性。经过多年来的累积迭代, 国际社会对一系列广泛的可持续发展目标已经达成共识, 并为其实现在全球、国家和地方层面付出了巨大努力。[2] 这些目标包括减少饥饿和贫困, 增加在卫生保健、计划生育和教育方面的资源与服务获取机会, 在降低环境退化的同时提高农业生产力, 阻止地球生命支持系统的退化。今天, 全球有成千上万的政府、私营企业、非政府组织和个人接纳了可持续发展思想, 开始关注可持续发展项目并为其

---

* "可持续性思维" 的英文为 sustainability thinking。本书脚注均为译者注。

分配资源。企业开发各种指标以追踪自身行动对经济、社会和环境的影响。世界各地的城市成立或加入联盟，分享最佳实践经验，鼓励进步。区域和国家层面的努力在世界各地随处可见。世界各国的科学院、工程院和诸多专业科学联盟等学术组织也积极参与。WBCSD 和全球可持续性科技联盟*等国际组织已经成立了由私营企业和公共机构组成的跨行业联合体，勾画出实现可持续性目标的战略蓝图（"补充阅读资料"部分提供了网络资源的简短名录，有助于在追寻可持续性领域及时跟进快速变化的各类倡议行动）。

作为众多倡议行动的结果，公众的可持续发展愿景呈现快速演进的态势。从最初认为人类的繁荣主要与经济增长相关的简单关系演变为对 WCED 所呼吁人类需求的关注，并进一步发展成熟，产生了今日更为包容且细致的视角，即以社会福利（social well-being）**的推进为中心（详见第 2 章）。

这种拓展框架的好处是为可持续发展搭建了一顶更宽敞的"中军大帐"，学术、游说和行动等众多部门都可以在其笼罩下运作以便推进可持续发展。然而，这种无所不包的强大包容性也导致可持续性领域见树不见林，大局观丧失的风险正在增大。可持续性这片森林里的树木实在太茂盛了，每个参与者都面临着随之而来的诱惑，那就是退回只关注自身的学科或行业行动的状态。通往可持续性的进步需要各种层次上的细节承诺，不仅包括全球系统中的每棵树，而且包括特定的育材背景，单株树木想要成材为可持续发展做贡献的话，这种背景不可或缺。取得进步还需要我们的可持续观拥有更宽广的视界，这样方能看清可持续性这片森林的各部分是如何相互依赖、相互作用及协同演化的。我们将在本书中努力提供这样的视界。

---

* 　全球可持续性科技联盟的英语全称为 Science and Technology Alliance for Global Sustainability。

** 　本书中除联合国文件汉语文本采用的"人类福祉"（human well-being）等固定搭配外，well-being 一词一般译为"福利"。

为可持续性服务的科学

应对可持续发展的挑战需要采取足以撼动现状（status quo）的行动。这是因为阻止改变、维持"一切照旧"（business as usual）的既得利益群体人多势众，所以为了回应可持续发展的挑战，需要进行广泛且深入的社会鼓动才有望激发变化。为这类鼓动和行动议程做贡献的不单有那些自封的活动家，还有政界和企业界领袖、公民社会、医疗专家（medical professionals）、教育者及公民个体，全都是必需的。此外，可持续发展还需要来自科学家的贡献。这里所说的"科学家"包括致力于理解世界如何运作的全部专家与学者——自然与社会科学家、人文学者（humanists）、政策分析师、工程师、医学科学家（medical scientists），诸如此类。

那么，科学和科学家对推进可持续发展能起到什么作用呢？本书探讨了多方面的专项贡献。总体而言，科学的作用包括：帮助社会认清当前趋势会把我们带向何方，通过发现或设计新的技术和政策来改变我们的航向，权衡评估这些替代方案的实施对后代可能产生的得失与影响。用诺贝尔奖得主阿马蒂亚·森（Amartya Sen）的话来说，科学的作用是帮助确保这一点：谋求推进可持续发展的社会鼓动是种"知情的明智鼓动"（informed agitation）。

遥想当年，本书作者各自入行开始着手接触可持续性议题时，都发现相关的科技成果斐然，然而正在攻关的领域中却几乎不存在能够打破学科界线，围绕可持续发展进行整合从而实现真正协同合作的案例。时至今日，情况已然发生改变。**可持续性科学**（sustainability science）作为科学中涌现的新兴领域，专注于创造和利用各类知识以帮助解决社会问题，特别是直接处理同追寻可持续发展相关的各种问题，这种性质与之前的新兴科学领域如健康科学或农业科学是相同的。为实现这一目标，可持续性科学力图通过应用引发型研究（use-inspired research）* 来整合理论探索和实践，囊括多种

---

* 详见本书第 6 章图 6.1 及相关正文中对"巴斯德象限"的讨论。

基础科学，以及来自政策、技术和实操方面的设计规划与执行人员的贡献。另外，这一领域发挥独特且关键的作用，努力整合相关知识，并以此为基础继续创新，创造知识以支持关于可持续性目标的决策。环境和社会系统的交互作用搭建出可持续发展的表演舞台，可持续性科学的终极目标是增加并提高对这一互作的管理知识和能力。

关于**社会 – 环境系统**的基本特点，以及人们在迈向可持续发展的过程中对该系统的引导所面临的共同挑战，本书后文多有阐述。我们发现，为了使这些一般性内容的讨论具体且明确，案例研究十分有用。关于可持续发展面临的挑战及可持续性科学家应对这些挑战所做的工作，我们将在本章下一节介绍 4 个典型案例。

现实世界可持续性的挑战：4 个案例研究

如上节所述，我们精挑细选了 4 个案例来解释以下决策过程的高度挑战性：为了长期推进可持续性应采取什么样的措施。这些案例发生的背景广泛，包括高科技实验室、小农田地和世界超大城市之一的毗邻地区，但它们都具有一些核心的共同点：案例都展示了人们努力让自身和所在社区居民的生活变得更美好，应对预期以外结果的奋斗，以及直面失败和倒退仍然推动进步的坚持不懈。这些案例表明，哪怕出自最善良意愿的干预，也会由于种种原因在实践中步入歧途。这些原因包括未能充分考虑干预措施所处的社会 – 环境系统背景，无法形成能提供给恰当决策者的相称且适用的知识，干预措施在容许接纳可持续政策决定的治理系统内难以有效运作，以及欠缺足够好的运气等。每个案例都给了我们可以分享的独特教训，而它们合起来则给了我们切实的经验以思考可持续性这一概念。

这些案例成为本书的起点。在同追寻可持续性的人们进行分享的过程中，本书后续各章将不断借鉴这些案例，从中提取出按作者思考角度出发得到的最为核心的经验与教训。在展开每个案例前，我们都提供了简要的介绍，同时在附录 A 中会进行更详细的说明。我们相信大多数读者会发现：

在深度沉浸于本书正文前,先读一下附录中的详尽说明是大有裨益的。

伦敦

运用分析式思维应对跨代际时段的发展,伦敦案例突显出此类思考带来的挑战,而这也是我们探讨可持续性时的关注核心。🌱

众所周知,今天的伦敦是处于领先地位的国际大都市,在城市可持续性和生活质量的评估中往往名列前茅,特别是在国际影响力、技术精通度和宜居性方面屡拔头筹。虽然在经济、治理和环境的许多层面做得很好,但伦敦在空气污染和社会包容方面仍然处于挣扎状态。

伦敦的情况并非一贯如此。恰恰相反,它目前不平衡的高度繁荣状态源自 1000 多年来与环境不断冲突的历史,在某种程度上,这与今日所谓"新"城市的快速增长经历颇有几分相似。两个互相关联的主题贯穿了这些冲突,其他地区的城市亦然。

主题之一是一场持续的斗争:在确保城市增长所需食物、能源和物质材料基本供给的同时,处理使用这些资源后产生的废弃物。一旦无法有效理顺这些资源和废弃物的物质流,直接后果便是一波又一波的食物短缺和随之而来的穷人营养不良、饮用水中混入人粪、慢性空气污染及面对洪水时变得更加脆弱。

主题之二是居民与传染病之战,这种战争在伦敦与其环境之间一再打响。显而易见,由于在解决前面提到的资源管理问题时反复失败,征服传染病之战的胜算被严重削弱了。但除此之外,胜负态势还与人体抵抗力和免疫力的动态变化紧密相关，这是因为伦敦各处的高密度聚居点正不断暴露在来自天涯海角的传染病侵袭之下。

在应对这些问题的过程中，越来越多的伦敦人只考虑短期个人收益的追求，这会使得社会和环境退化产生的大尺度长期损伤的成本雪上加霜，最终令伦敦变得无比脆弱、不堪一击。不过，面对每次倒退，社会应之以政治行动、科学发现、技术创新、社会调节及新的治理模式，这些与伦敦以外广阔天地中发生的事件结合起来，为新一轮的发展倡议行动开辟了道路，最终导向自身的再调整与惊喜成果。通过持续不懈的努力得到的一项最新成果是关于《伦敦规划》（*The London Plan*）文本的公开讨论，这是一份组织文件（organic document），描绘了伦敦的城市可持续转型目标与战略蓝图。

尼泊尔

尼泊尔案例关注为降低食物短缺风险而推行灌溉技术时采取的多重路径。该案例突显了在技术增强系统的设计和运作过程中技术使用者参与的重要性。

在尼泊尔种植农作物困难重重。这个国家大部分地区属于山区，缺乏耕地。尼泊尔人总是易受食物短缺的影响。时至 20 世纪末，农村人口的不断增长导致了严重的食物匮乏。可能的解决方案之一是引进改良的灌溉技术，提高耕地的作物产量，这在世界上的其他地方已获成功。然而，当尼泊尔政府和国际合作者开始建造先进灌溉系统以替代贫困农民正在使用的原始系统后，结果却不尽如人意。许多农业系统接受了高水平的财政支持与

技术改进,但实际的农业产量反而下降了。

到底出了什么纰漏呢?最先进的工程项目却未能为尼泊尔农民带来改善,这怎么可能呢?科学家研究了这个灌溉项目,发现答案是"局外"(outsider)援助者忽视了农民社会系统的核心因素。由政府工程官员设计的此类系统没有把当地农民关于特定水流及其他背景的乡土知识整合进去。尤其是用来产生新灌溉水流的设备过于复杂,难以使用和维护,因此政府部门代替农民承担起了新系统的全部责任,不像之前的简单系统由农民负责维护。于是,农民在灌溉活动中表现得缺乏合作意识。上游农户不再费心与下游农户保持良好关系,只会增加自己的用水量,造成下游可用水量减少,最终导致整个系统的农作物总产量下降。

近年来,尼泊尔灌溉系统的研究者强调了灌溉者自身参与使灌溉系统得以有效运作的重要作用。灌溉者实现了若干重要功能,如组织劳动力建造及维护沟渠,又如调节水量的分配。他们还在监控违规行为和帮助强化合规措施方面发挥了关键作用。他们对村庄的长期贡献,以及他们关于这片土地与其资源和人民的知识,促使灌溉系统的运行表现发生重大改变。另一方面,即便是农民管理系统,也同样能从来自外部组织的专家、经验和资助中获益。目前,在尼泊尔引进新技术提高粮食安全的努力中,通过本地农民和外界人士共同发挥作用的混合模式进行的尝试正与日俱增。

雅基河谷

雅基河谷案例详尽考察了与社会–环境耦合的区域系统相关的跨学科研究。这类研究虽不完美,但往往胜在坚持不懈。同地区决策者进行的密切咨询带来了切实的可持续性利益。🌱

雅基河谷*位于墨西哥北部的索诺拉州**，是小麦绿色革命的发源地。从 20 世纪 50 年代开始，国际农业研究团体培育小麦和玉米的高产新品种，对满足世界人民的粮食需求发挥了关键作用。雅基河谷的耕作从这些新知识、新技能中获益匪浅。当地农民保持着最高小麦产量的世界纪录。

然而不幸的是，今天的河谷面临着一系列可持续性挑战，其中大部分可归咎于绿色革命产生的非预期后果。例如，由于耕地灌溉采用漫灌方式，造成水资源利用效率极低。直到现在，河谷的灌溉区也没有在干旱时期改变抽水量以保障水资源供应的规定。农业系统很容易出现过量施肥，施加氮肥的量超过农作物所需，导致营养从土壤流失到附近的河流、海洋和大气中（流失方式包括水污染、空气污染及温室气体排放***等）。

如果"面包篮"****的发展是不可持续的，那该怎么办呢？15 年来，一支跨学科研究团队一直探索着在保持乃至提高谷物产量和经济福利的同时降低河谷农业环境影响的方法。这不仅需要关注经济、社会和政治因素，而且需要重视农学和环境因素，从而理解雅基河谷的社会－环境耦合关系，形成因地制宜的解决方案。

在过量施肥方面，研究者和农民合作开发替代方案，通过降低肥料投入需求，在保持农产品量多质优的同时减少营养向水体和大气系统的流失。这些措施与其他双赢式管理实践表明，同时节省农民的开销并保护环境是可行的。然而，发现绝妙的双赢技术并不意味着它们一定会被采用。最终，把好点子转化为脚踏实地行动的过程意味着技术需要在河谷的决策和治理系统内广泛获得理解，从而提升农民和信用社的合作意愿。

---

* 雅基的英文为 Yaqui，除了是河流地名，还是墨西哥雅基族印第安人的族名和语言名。

** 索诺拉州的英文为 the state of Sonora。

*** 此处主要指以温室气体氧化亚氮（N_2O）形式流失的氮素营养。

**** "面包篮"（breadbasket）是一种比喻说法，类似"菜篮子工程"。

平流层臭氧

臭氧案例突显的管理挑战在于：推广有用的技术，最终却发现它对全球公域的共同利益（global commons）造成了威胁。该案例展示了当精心谋划的国际科学评估和利益相关者参与同面对不确定性时敢于决策的意愿相结合，是如何成功制定国际环境法规的。🌿

19 世纪中期发明的机械压缩制冷式冰箱使食物和其他材料在各种环境下都能保持低温。毫不奇怪，这一发明惠及人类的健康和福利。但随之而来的问题是当时作为标准冷冻液的物质是氨水，使用时很容易产生易爆的氨气！感谢工业化学家的努力，一种新的工业化学品——氯氟碳化物（CFCs）* 在 20 世纪 30 年代被发明出来，取代了前述高风险制冷剂。测试表明，CFCs 安全、无毒且无爆炸性，因此其生产和使用迅速展开，成为众多冷却剂的重要组分，后来也被用在喷射剂和清洁剂中。各种说法纷纷将这一族化合物推许为惊人的有用技术，能够满足世人的多种需求与期望。

20 世纪 70 年代，科学家发现（大大出乎他们的意料）CFCs 在平流层（大气层中较高的一层）出现累积，并且这一现象已遍布全球。到了 20 世纪 80 年代，研究者发现 CFCs 会消耗平流层的臭氧。这是一项极为重要的发现，他们之后因此荣获诺贝尔化学奖。众所周知，**臭氧层**是各类地球生命的保护屏障，没有它的话，人类和地球上的其他生命将会暴露在来自太阳的紫外线过量辐射伤害之下，进而陷入危险。

臭氧层损耗会导致共享地球的人类与其他物种惨遭紫外线辐射"炙

---

* 氯氟碳化物英语全称为 chlorofluorocarbons，又译氯氟烃。

烤"，是什么阻止了这样的悲剧发生？感谢持续进行中的测量、监控和科学分析，以及参与进来的政府、企业、公民社会的领导者和决策者，臭氧问题已经在一系列国际公约与协定中得到了妥善的鉴别和应对。它们限制并随后从根本上减少了臭氧消耗物质的使用，最终实现了以副作用更小的其他材料实现取代。尽管平流层臭氧的流失尚未得到完全逆转，但其下降趋势已被遏制，恢复的迹象显而易见。

本书的重大主题

我们列举的上述简短案例表明（更详尽的介绍请参阅附录 A），追寻可持续性绝非易事。并未出现下降的温室气体排放及其对人类和生态系统的影响，全世界诸多超大城市和快速增长城市中骇人听闻的恶劣生存状况，在世界各地个体福利提高的前景下不平等性仍在不断加深，这些都证实了想要取得进步是困难重重的。

尽管如此，在某些地区和行业中已经取得了进步，而对其他地区和行业而言同样存在进步的可能性。我们现在知道，要成功地追寻可持续性几乎总是需要众多不同的利益相关方的参与，包括我们所属的由大学、研究所、科技创新部门和政策智库等组成的"知识生产界"（knowledge production world）。没有人能成为精通全部领域的万事通，而在解决某个特定的可持续性问题时，所有领域的知识都可能是不可或缺的。因此，成功地追寻可持续性总是基于特定场景的合作事务。但我们的经验表明，对所有想在追寻可持续性的过程中做出有效贡献者而言，有些事情需要他们中的**每个人**都真正理解。在本书的后续部分中，我们将努力提供可持续发展相关通识的必要基础。

第 2 章提供了针对可持续性的思考框架。这个框架将可持续性目标与实现这些目标的最终决定因素联结起来。我们对不断发展中的理论和实践进行了特别追踪，这些进展就可持续发展的终极目标应当关注人类福祉展开了论证。此外，我们提出福利需要考虑包容性，也就是需要确保这一点：

今时今日少数人的福利**不应**通过损及他们邻人和后代福利的方式来获取。我们建议包容性福利的基本要素应当作为资产存量来看待，人们不仅可以现在就对其进行支取，而且可以在将来支取以维持并提高生活水平。这类资产存量包括自然资本（natural capital）、社会资本、人力资本、制造资本（manufactured capital）和知识资本。第 2 章还从人类包容性福利的度量和支持福利的资产基础角度探讨了可持续发展的当前状况。

在人类赖以栖身的社会 – 环境系统中，追寻可持续性的努力正以一种极具挑战性的方式展开。第 3 章通过这一事实表明这种追寻是相当复杂的。该系统绝非简单的均衡（equilibrium）系统。恰恰相反，社会 – 环境系统是复杂的、动态的且具备适应性的，它们涉及社会与环境组分间的大量互动，总是内藏多种多样的权衡（trade-offs）关系和意外事件。仅聚焦某一方面（如一项新技术、一片热带雨林、一种特殊的材料或污染物及某一项特定的新政策），将其与系统的其他部分隔离，这样做可以说几乎肯定无法成功解决问题。诊断问题，开发、实施并评估解决方案，全程都需要对系统的整体理解。

为了推动朝向可持续性的进步，构建社会 – 环境耦合系统是如何运作的相关知识体系是必要的，但并不充分。我们还有必要去理解作为积极、坚定的改革执行者，人们能如何干预这些系统从而使它们以不同的方式运作。这类干预几乎总是需要合作才能变得有效。这一治理过程是第 4 章的关注重点，该章探讨了面对彼此冲突的目标、搭便车（free ride）的诱惑及彻底自私行为的盛行，社会如何确保上述合作关系的存续。治理体系在不同层面上运作，影响着社会在何时采取怎样的行动来推进或削弱可持续发展。第 4 章的目标是描述治理过程的本质和重要性。有些人试图改革治理方式与过程，以使其能更有效地支持对可持续性的追寻，该章针对他们的努力提供了一些实用的指导。

新知识、新工具和新方法也是可持续性的关键决定因素。然而不幸的是，如果没有被决策者实际采用，即便是真正意义上的创新卓越点子也无法推动可持续发展。如何创造有用的知识，并把这些知识与行动关联起来，第5 章讨论了这一过程所要面对的挑战，概述了推动可持续发展的一些方法，它们能提高上述创新在决策中被采纳且高效利用的机会。

最后，第 6 章努力在前面几章提到的重要思想与它们对个体（作为改革执行者）的影响之间建立联系。这些思想对我们每个人来说意味着什么？作为单独的执行者个体，我们每个人如何为追寻可持续性做贡献？当个人成为可持续性转型的领导者时，需要拥有哪些品质？哪类培训有助于培养出这样的领导者？研究机构可以做些什么来提供帮助？当人们从事推动可持续性领域的工作时，究竟需要记住什么？

***

本书向读者介绍了可持续性的概念化（conceptualization）、可持续性目标的框架结构、迎接可持续发展挑战的多重视角，当然这些并未囊括值得考虑的全部方法（在"补充阅读资料"部分，我们列举了一些特别能够发人深省的其他方法）。它们只是本书作者作为研究并积极推动可持续性转型的专业人士，从各自不同的经验出发所能构建出的最有用的框架。当读者发现从自身的价值观或经验得出的结论与本书相悖时，我们鼓励你们对作者发起反驳。不过，我们还是希望这本小书能够起到抛砖引玉的作用，对读者中的许多人以自己的方式追寻可持续性有所裨益。

第2章

可持续性分析框架：联结终极目标与基本要素

考虑到可持续性挑战的复杂性，进步是如何得以实现的呢？为了识别出重要的因素和效果且不产生遗漏，是否存在一种方式能将可持续性的多重维度加以概念化？能不能形成一个应对可持续发展挑战的框架，使其帮助我们睁大眼睛盯紧复杂的并发事态和相互作用，同时保持脚步不停，始终向着可持续性目标迈进？本章将简要描述一种关于如何思考可持续性的思维框架，我们发现这种框架是颇有意义的。

基于我们的同事达斯古普塔（P. Dasgupta）及该领域日渐增多的学者和国际机构的工作，此处总结了我们所偏好的可持续发展首选分析框架。[1] 在本章的余下篇幅中我们会对它进行详尽的阐述，并将其贯穿全书。

如果历经多个世代，包容性社会福利（inclusive social well-being）没有出现下降，这样的发展就是可持续的。福利是通过消费产品和服务来获取的，两者作为社会－环境系统动态的组分被生产出来。福利最终取决于五类基础的资本资产（capital assets）：自然资本、制造资本、人力资本、社会资本和知识资本。如果坐视这些资产为社会创造价值的整体能力随时间推移而退化，那么最终社会福利也会减少，发展将变得不可持续。从本质上来说，促进可持续性的政策事关人们如何以正确的方式获取并管理这些资产，这样它们所代表的社会资源与其创造出的社会福利都不会随着时间减少。

让我们用图2.1中的组织结构来对上面这段相当紧凑的摘要进行扩充。图的中栏顶部是可持续性和可持续发展的目标。出于某些原因（本章下一节将对此进行解释），我们的框架紧跟当前的实践，将布伦特兰委员会提出的"满足人类基本需求"这一可持续性目标扩展为关注人类**福祉**的更广泛目标。因为个体所处环境和价值体系的不同，人们心目中最重要的**福利要素**各不相同。但对大部分人而言，重要的组分都应包括满足食物、供水、居所、能源和人身安全的基本需求[*]。除了活得下去，人们还想活得更好，许多人会在该清单中添加以下要素：健康、教育、自然、社区和机会。不过，可持续发展从来不是只与个人相关，而是要关注人类整体。因此，我们的兴趣集中在总资产上，我们称之为**包容性社会福利**：这个词组中的"社会"指该福利超越个体福利的简单累加；"包容性"则指不仅关注当代，而且关注代际公平。尽管我们提出的可持续发展目标以包容性社会福利为特点，但在本书中的绝大部分，我们为方便起见将其简称为"福利"。本章的下一节将在更深的层次上讨论福利的概念。

资本资产位于图 2.1 的中栏底部，它们构成了福利的终极决定因素。总体而言，这些资产显示"油箱里还有油"时才能助力发展，赋能社会创造福利。我们此处提出的框架从 5 个"资本"组分角度定义社会资产，包括自然资本、制造资本、人力资本、社会资本和知识资本。关于每个术语的简短描述，参阅表 2.1。本章后续将详细阐述这些概念，同时探讨各种资本资产之间的关联，以及它们对福利和可持续性的整体意义。我们还特别论证了包容性福利在特定情况下可以通过这些资本资产的综合度量来追踪。这种度

---

* 食物安全的英文为 food security，指免于食物短缺的安全，与食品安全（food safety）并非同义。

量被称作"包容性（社会）财富"［inclusive（social）wealth］，目前常被用来监测朝向可持续性的进步。

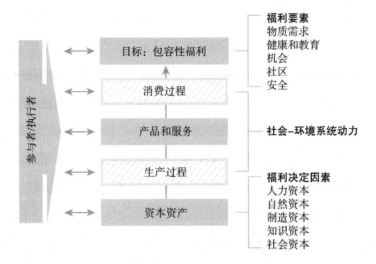

图 2.1　理解与追求可持续性的框架

表 2.1　资本资产的核心要素及其相关学术研究领域

资本资产	核心要素或特性	相关研究领域
自然资本	土地、水、生物、矿物资源，气候和空气，生物多样性，其他	地理学、地球系统科学、生态学、保护生物学、自然资源学、生态经济学
人力资本	人口（规模、分布、健康、教育、其他素质）	人口学、健康和医药学、教育学、劳动研究、地理学
制造资本	建筑（住房、工厂和它们的产品），基础设施（交通、能源、信息）	工业生态学、绿色设计、污染控制、可持续工程学、地理学
社会资本	法律、惯例、规定、习俗，机构（政治的、司法的、经济的），信任	政治经济学、机构研究、政策学、政府研究、社会学、法学、地理学
知识资本	编码型知识（概念的、事实的、实践的、技术诀窍）	政策研究、创新和设计、科技研究、社会学习、地理学

　　资本资产是福利的终极决定因素。在图 2.1 的中间几行，社会 – 环境系统的复杂动态把资产与福利联结起来，本书第 3 章将集中讨论这些动态。不过，为了实现此处的讨论目的，我们可以从生产和消费过程的角度来思考社会 – 环境系统。在这个语境中，生产可被看作将资本资产转换为可持续发展相关产品和服务的过程。这方面的例子包括食品、电力、住宅、信息技术产品的生产及随之而来的废弃物。消费过程使用生产过程产生的产品和服务来达到（也可能达不到）可持续性目标（即我们所定义的包容性社会福利）。

　　有人会辩称可持续性挑战大体上应被视为一种消费问题。但我们认为生产和消费都应被看作一种整合性社会 – 环境系统的组分。消费需求确实会推动生产，但反过来说，生产供给也能"无中生有"地创造需求从而引领消费，如个人电脑和之后的智能手机。从可持续性的角度来看，消费和生产过程既是问题的组成部分，也是其解决之道。

　　当今世界，根据人们所处的地区和社会 – 经济阶层，消费水平呈现出巨大的差异。在世界上某些地方，有些人亟须进行更多的消费——想要提升他们的福利，就需要为他们提供食物、水、能源、衣着、住宅及教育与医疗保健服务的获取渠道。例如，营养不良的儿童和成人如果提高蛋白质摄入，其健康和心理的发育或发展就会大有改观。在与之相反的一端，有些地区的过度消费已经成为对人体健康和生活方式的挑战，同时它对自然环境与社会福利也都产生了负面冲击。全球的总消费量处在不断增加的过程中。为了满足消费侧的需求，生产过程已将对核心资产（如燃料、土壤、矿产和水资源）的需求提升到前所未有的程度。[2]

　　随着生产过程奋力满足不断增长的消费需求（并鼓励新的消费需求），在对资源的使用及其环境影响方面呈现出谨慎或挥霍的态度都是可能的。产品和服务的生产**方式**与消费的**种类**和**数量**都将对社会是否启航朝向可持续性转型及该转型的进展快慢产生重大影响。迄今为止，指向可持续性目标的进步大部分与降低生产过程负面影响的新技术、新政策相关,如清洁能源技术的开发、免耕农业的实践、促使危险化学品逐步退出的协定(我们在平流层臭氧案例中分享过该经验)。

与此同时,越来越多的注意力正投向消费端的改革。从促进能源和水资源的保护到鼓励减少红肉的消费,各种倡议已在全世界取得进展。对这些追寻可持续性的行动来说,核心的挑战在于找到这样一类方式:在提高人类福利必需的产品与服务消费侧和相应的必需生产过程供给侧,这类做法都能确保在福利产生的同时降低其对社会 – 环境系统产生的负面影响。

本书中的雅基河谷案例提供了在农业生产领域应对上述挑战的样板。20 世纪下半叶,世界人口快速增长,人类满足自身食物和营养消费需求的能力最终取决于同光合作用和农事相关的新生产过程*。通过开发新技术来生产更多的谷物(世界上大多数人口的主食,包括小麦、玉米和水稻等),绿色革命的发生完全是与满足不断增长的食物消费需求相关的。新的农业生产技术成功地满足了人们的食物消费需求,但与此同时,它也无意中在世界上很多地方导致了生物多样性的丧失、水资源的过度消耗、化肥的过量施用及随之而来的空气污染、水污染和温室气体的排放,乃至社会群体的迁移,所有这些都对长期的社会福利产生了有害后果。不过我们的案例表明,很多负面影响来自生产过程的实施方式,其中不少已经通过妥善的调整使其后果得到了减轻(或者至少已证明调整是现实可行的)。在未来的几十年中,全世界将不得不尽最大的可能避免此类有害后果的产生,同时在某些情况下需要通过减少过度消费或低效浪费行为以求降低生产需求。

雅基河谷案例很好地解释了在追寻可持续性的努力中必须处理的新增难题:不能只从单纯的供需关系组成的经济系统角度去理解将资本资产与

---

* 此处的"生产过程"是生态学意义上的,指农业生态系统中的生产者(作物)通过光合作用将二氧化碳和水转化为有机物的过程。

人类福利联结起来的生产－消费过程，同样，也不能将其简单地理解为由资源的消耗和再生组成的系统。更确切地说，正如图 2.1 中部所展示的那样，生产和消费过程内嵌在社会－环境系统的变化动态之中，促进可持续发展的倡议行动必须在由此互动性复杂系统构成的舞台上得以开展。关于这些动态及其在追寻可持续性过程中提供的挑战和机遇，我们将延后至第 3 章再进行深入探讨。

在图 2.1 中，最左侧的一列描述了该框架对可持续性进行分析时的最后一项特色，那就是提醒我们**参与者**（actors）和**行动力**（agency）的重要性 *。机械钟表或计算机模型之类的系统一旦启动，即便再艰难也只能沿着不可避免的路径走向必然的未来。被生产和消费联结起来的可持续性目标与基础资本资产形成的系统则并非如此，它充斥着众多选择，而这些选择是由各式各样的参与者和执行者（agents）做出的。"抉择者"可能是个人、研究团队、倡导团体、供应商或政府。它们或自私自利或大公无私，或消息灵通或懵懂无知，谁都无法掌握足够的权力和智力使整个社会－环境系统变得完全符合自身的愿望。大多数人将发现，对追寻可持续性而言，他们的行为选择至关重要，且若能在行为实施过程中与他人合作，则可使其选择的重要性更加突显。在第 4 章（关于"治理"）和第 5 章（关于"联结知识与行动"）中，我们将讨论追寻可持续性时为改变现状的参与者和执行者开放的路径。

***

尽管图 2.1 描绘的框架更多的是概念性的而非定量的，但该视角正得到越来越多的应用以评估替代性发展路径的可持续性。[3] 我们发现这个框架能够提醒我们考虑和评估可持续性挑战的多重维度，还有在规划干预行动时需要寻找超越简单因果的关系，因此该框架是相当实用的。本书的后续部分将进一步剖析图 2.1 中各个部分及其相互关系，并讨论应如何运用由此

---

* 本书对 actors 和 agency 的定义不同于普通语境下定义，详见附录 B "术语表"。

形成的理解以追寻可持续发展。我们旅程的第一步是更详细地探讨福利的含义。

福利的概念化

什么是福利？如何思考福利及其对行动的潜在影响？从历史进程来看，这些问题及类似的价值观问题与一系列伦理和宗教传统深度相关。因此，答案一贯呈现适当程度的个人化，反映出个体背后的历史和背景。我们发现最实用的可持续性追寻方法具有超越个体状况的若干普遍特点。

第一，我们秉持人类中心观。从福利角度定义可持续发展最终应落实到**以人为本**。环境也很重要：事实上，实现环境托管（stewardship）的根本性改进是可持续发展的必要条件。但维持（sustaining）环境并非天然等同于可持续发展。在我们提出的框架里，环境保育（environmental conservation）是推动人类福祉和可持续发展的手段而非自成目的。换句话说，对自然的尊崇者而言它不单是饥餐渴饮的工具性物质来源，更是他们在精神维度上的福利之基，或者说他们看重的是自然本身自成价值，这便是我们框架的生存空间所在。

第二，我们采纳广义人类福祉观。关于更广泛意义上"生活质量"的哲学讨论远早于可持续发展理念的出现，我们正是在这些讨论的基础上构建概念的。[4]我们将进一步详尽讨论的福利要素，不仅包括人类对基础性的物质产品和安全的获取机会，而且包括获取健康、教育、建立社会关系（社区）、享受自然的乐趣及就个体的人生方向作出选择的机会。

第三，如前文所述，我们关注的是"包容性社会福利"，由跨越时空间隔的总体福利组成。具体有哪些间隔呢？从空间上看，我们讨论的福利包括家庭、社区、地区、国家或全世界。在细节上，我们需要界定某个社会，并且时时关注该社会与其他社会及最终与全球系统之间的联系。从时间上看，我们对跨世代的总体福利进行累加，而非仅针对当代。

第四，我们认为将**个体福利**与**包容性社会福利**关联起来的尝试会引发深刻的伦理问题。评估特定的发展路径事关其可持续性应努力设法解决的那些问题，如这样决定和谁来决定个体福利的组成，又如一个社会在定义并测量包容性社会福利时做出的选择，实际上检验的是其对"公平"（equity）概念的理解造成的影响［专栏 2.1 提供了几个案例，展示当"福利"概念被狭义限定在单个社群尺度时引发的"环境正义"（environmental justice）相关问题］。

第五，也是最后一点，我们承认包容性社会福利仅从跨代"不减"角度来定义可持续发展，似乎使我们的抱负看起来过于谨小慎微。改成不断刷新福利纪录的发展路径如何？或者改成"最优"（optimal）发展怎么样？作为回应我们只能说，尽管若真能实现，我们肯定会为这类发展鼓掌欢呼，但实事求是来看我们的志向更为质朴易行（但由 WCED 提出的最早发展目标也是这样，"既能满足当代人的需要，又不会损及子孙后代满足其需求的能力"的发展）。这又是为什么呢？因为我们发现"为孙辈留下的不少于从祖辈那里继承的"这一道德准则令人信服，而要想出如何将其实现的办法实际上也已经够难了，更高的目标显然更不现实。

以我们的可持续观而言，短期需求并不会自动压倒人们的长期需求；代内福利也并非必然会妨害代际福利。同样，个人或社群的需求是可以做到不影响他乡他人满足自身需求能力的。我们的个体价值观要求对享受福利最少的群体给予特别重视与帮助（而非只为平均福利努力），确保福利跨代传承，至少能延续到当代年轻人的孙辈。不同的人有不同的价值观，因此我们在本书中尽量不把自身价值观强加于人，相反，我们试图通过提供广义框架来邀请读者针对与他们心中期望的福利、公平相关的价值观做出明确的选择，并将其整合到自身就可持续性和可持续发展的分析与推广之中。

专栏 2.1　环境正义和包容性社会福利

当个人或社区的需求影响到他乡他人满足自身需求的能力时会发生什么？一旦这些"其他人"早已身处只有最低程度福利的境地，又会发生什么？这是"环境正义"要努力解决的关键问题。全世界的低收入弱势群体往往更有可能生活在被污染的环境中，或者住处靠近有害工业场所（如矿井、纺织厂、垃圾场、精炼厂等）。环境正义运动通过直面这一事实的认知而诞生，随后一直为这些群体而战，以制定法律法规的方式来保护他们免受伤害。[5]

环境不公的案例随处可见。工业国通过海运把垃圾转运到世界上处于欠发达状态的地区，引发了全球性的环境正义问题。例如，废品回收场处理的电子垃圾通常从美国海运而来，在那里工作或生活在附近的人暴露在数百种有毒化学品之中。

限于一国的国内问题甚至更臭名远扬，但也更易解决，特别是在工业化国家。以美国为例，沃伦县（在北卡罗来纳州罗利－达勒姆地区东北方向约 1 小时车程的位置）在 20 世纪 80 年代早期建造了一个有害垃圾场*。与富人密集的州首府郊区截然不同，这个县的居民大部分是贫困的非裔美国农民。得知有害垃圾将倾倒在他们生活的土地上，垃圾山产生的多氯联苯（PCBs）和其他有毒化学品将悄然渗入地下水，当地居民发动了为期 6 周的抗议活动，游行示威者躺倒在路上以阻挡垃圾运输车。尽管州议会判定他们无权处理此事，这场斗争终告失败，但他们的事迹激励了美国更广泛的环境

---

* 沃伦县英文为 Warren County，罗利－达勒姆地区英文为 Raleigh–Durham area。

正义运动的出现。

　　不幸的是，类似的故事在世界上许多地方一再上演，环境正义的斗争延续至今。尽管如此，该领域已经取得了重要的进步。以美国为例，从 1996 年开始，联邦政府被要求确认并处理其不相称的政策对低收入弱势群体造成的全部损害。1996 年颁布的《南非宪法》包含的"权利法案"赋予南非人民享有"不损害健康或福利的环境"和"生态可持续发展"的权利。[6] 同样，欧盟多次颁布宣言，规定所有人都享有健康环境权，最近的一次是 2000 年颁布的《欧盟基本权利宪章》。[7]

福利的构成要素

　　人们如何体验福利？福利当然是多维度的，但众多看法中的共同因素也是显而易见的。

　　在日常语言中，人们往往用福利这一术语指代其生活中达到某种水平的健康、幸福和成功。但我们应当期待多高水平的健康呢？如何定义幸福？哪些活动或成就构成了成功？福利是否存在普适性？或许福利概念随地区和文化的不同而改变？人们需要哪些东西才能维持生存？什么是合理的期望？为这些问题寻找答案的方式之一是通过国家或全球尺度的民意调查向人们征询。[8] 这些调查提供了与人们的福利和幸福水平相关的主观信息，还能对人们感受到的主观福利与诸如收入或满足基本需求的水平等变量之间的关系给出信息。

　　来自不同领域的研究者都关注着这个问题。大部分人同意福利的核心在于物质需求、社会需求和个人需求的满足。为发展政策的实践者创设的一种定义认为,福利是"在满足人类需求时及个人通过有意义的行动追寻目标时"所得到的东西。[9] 其他研究者认为,除基本需求外福利还包括人身安全、牢固的社会关系、健康、自主权和对职业的高满意度。[10] 诺贝尔经济学奖得主阿马蒂亚·森认为,福利的概念化应当超越对"需求"(needs)的满足进而颂扬并扩展人类的"能力"(capabilities),使其成为"变革的执行者,能够在给予机会的情况下进行思考、估算、评定、决断、激励、鼓动,并通过这些手段重塑世界"。[11]

在以下概述中,我们专注于福利的 6 种要素,它们不仅在日常语句中频频出现,而且也作为研究成果为人所知。我们将在下文中一一定义这些要素,简要探讨每个要素呈现出的全球趋势,并研究它们与作为其决定因素的基础资本资产之间的若干互动方式。

物质需求

相比明晰的"必需品"或"奢侈品"概念,人们对"需求"一词的理解不可谓差异不大,但从最基本的层面来说,人们需要的是维持生存不可或缺的食物、水、能源和居所。当这些物质需求被满足后,它们为追求个人或职业发展方向上的福利打下了基础。

在世界上的大部分地区,哪怕仅与数十年前相比,基本的物质需求都已得到更全面的满足。例如,1970 年的世界人均食物消耗量是每日 2400 千卡*,2010 年增至每日近 2900 千卡。这种增长的实现可部分归因于农业生产力的提升,这在雅基河谷案例中也会讨论。然而从地理区域角度或社会经济学群体角度来看,食物热量的分配并不公平。实际上,工业化国家的人均消耗量高达每日 3400 千卡,与此同时,撒哈拉以南的非洲国家该数值只有 2200 千卡(而且后者中有些人的消耗量正变得更少)。[12] 尽管今日全世界食物堪称丰盛,但据预测,全球每 8 个人中仍然有 1 个人正在忍受慢性饥

---

* 千卡为热量单位,1 千卡 ≈ 4184 焦。

饿的折磨。[13] 例如，在撒哈拉以南的非洲，政府治理能力差、全球性市场失灵和性别与社会经济学方面的长期不平等造成了食物获取机会的下降，饥饿正在持续肆虐。在世界上很多地方，满足需求的自然资本或许仍然充足，但人们缺乏有效获取的机会。

为了满足人们在物质上的最低必需与基本需求，产生了利用资本资产的要求。自然资本（如水资源、农作物和农业用地、化石燃料、矿产、大气与气候）被利用（或改变状态）以生产人们所需的产品和服务，相应的生产和消费过程根据其实施方式或多或少地会对自然资本产生副作用。对可持续发展来说，其推进过程必须在支持人们物质需求的同时避免自然资本承受不可持续的过大负担。几乎可以断言的是，为了沿可持续之道推动发展，我们需要提升知识资本（如改良的作物品种与对营养更深入的理解）和社会资本（具体形式包括国际协定、知识产权、经济政策和文化习俗等）。

健康

健康也许是最普遍的福利因素，因此也是能够立刻得到认可的福利因素。健康不佳会影响生活质量，导致人们和社群更难实现潜能或获取其他福利。强大的人力资本包含人员健康的要求，他们不仅是福利的组成部分，而且是其决定因素。若干指标表明，全球范围内人类健康的大幅提升早已持续很长时间。

出生时预期寿命是最简单且提升最显著的指标之一。在其他条件相同的情况下，人们若活得更长，便有潜力去体验更多的福利。在人类历史的绝大部分时间里，出生时预期寿命徘徊在 30 岁左右，而健康情况糟糕得多的地区和阶段也不难找到（如案例研究中所描述的 18 世纪中期的伦敦）。然而，从 18 世纪中期开始，预期寿命出现了大幅增长：若出生在当今最健康的国家，人们的预期寿命几乎达到他们大部分祖先的 3 倍。这个趋势最初从北欧开始，目前则在全世界所有地区都观察得到，尽管不同地区的进步程度差异悬殊（图 2.2）。

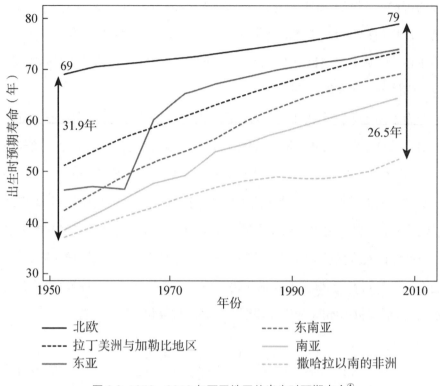

图 2.2 1950—2010 年不同地区的出生时预期寿命[①]

　　健康的其他层面也得以提升。在 18 世纪的伦敦, 超过 1/3 的孩子在婴儿期就会死去。如今, 随着营养、疫苗和医疗看护手段的提高, 5 岁以下儿童的年死亡数量已从 1990 年的 1240 万下降至 2009 年的 810 万。妇女因怀孕、生育致死的数量也在 1990—2013 年期间减少了 50%。[14] 具有讽刺意味的是, 随着发达国家的人口老龄化, 全世界的疾病形势正在发生重要改变, 从发展中国家、年轻人群体中普遍出现的传染病转变为发达国家、老年人群体中普遍出现的慢性病（或生活方式疾病, 参见专栏 2.2）。

专栏 2.2　世界疾病和死亡趋势

直到不久前，全世界的死亡大多归因于传染病、营养不良和分娩并发症。这些问题集中在世界上的发展中国家，全球的健康和发展共同体为解决它们付出了巨大的努力。具有讽刺意味的是，随着这些疾病的减少，全球非传染疾病的患病率出现了上升。[15]

自 2010 年起，全球非传染疾病导致的死亡占 2/3，仅心脏病和卒中致死数就占总死亡数的 1/4（1990 年该数据为 1/5）。[16] 这类疾病早已在发达国家流行，因为其与饮食不健康和缺乏运动相关，有时被称作"生活方式病"。目前发展中地区也正在体验大量此类疾病蔓延造成的痛苦。

心血管病和糖尿病是该趋势尤其显著的象征。尽管在发达国家心脏病占死因的比例要大于发展中国家（49% 对 23%），但从绝对数量来看，发展中国家的心脏病患者要多出几百万人。[17] 此外，尽管从 19 世纪 60 年代开始，发达地区的心血管病相关死亡数在下降，但在发展中地区该类死亡数则在上升，并且影响相对年轻人口的严重程度是超比例的。例如在印度，超过半数的心血管病发生在 70 岁之前，而该比例在发达地区还不到 1/4。[18] 同样，糖尿病的流行趋势在全球各地都出现了抬头，这是与不断增长的肥胖率紧密相关的。根据预测，2030 年全球糖尿病患者的数量将比 2000 年翻倍更多，达到 3.66 亿人，而且增长率总体上在发展中地区更高。[19]

生活方式病不断流行，除了由于人均寿命的延长，还由于不断增长的城市化。更多的人口搬迁到城市后养成了久坐的习惯，于是更易患生活方式病。例如，德里市区与其周边的乡村地区相比，心血管病的患病率更高，这也同该地更高的血压、胆固醇和糖尿病患病率相关。[20] 糖尿病在城市中的患病率更高，这一现象也在许多其他地区被发现，包括东亚、非洲和中东地区。

无论人们住在城市还是乡村，一旦运动不足再加上饮食中饱和脂肪酸、糖类摄入量和加工食品比例上升，就会导致糖尿病和心血管病等疾病。正在许多地区表现出增多趋势的吸烟行为也与城市化和工业化相关，它也是导致心血管病和死亡的重要因素。

思考这些全球疾病转变趋势时，重要的是提醒自己把区域差异放在心上。尽管心血管病和糖尿病患者在全球范围内持续增多，但低收入国家的主要死因仍然是艾滋病、呼吸道感染与腹泻。[21] 更严重的是高比例的儿童传染病或营养不良，这与不断增加的成人生活方式病叠加形成了"双重负担"，已经成为中等收入国家面临的一个日益严峻的问题。据预测，全世界约有 40% 的人生活在同时遭受这两种风险因素威胁的地区。[22] 在发达国家经济阶梯的最高与最低档次之间，悬殊的社会经济学差距导致人们截然不同的健康模式。🌱

随着物质需求得到满足，医疗卫生事业的健康成果在全球呈现出悬殊的差距，部分地区承受的健康负担极重。例如，2015 年出生于撒哈拉以南非洲的儿童，其在 5 岁前死亡的可能性是出生于高收入国家儿童的 12 倍。[23] 母亲的健康在发展中地区和发达地区之间的差距也很大。怀孕和生育相关的死亡大部分发生在发展中国家，如果拥有更好医疗条件的话，其中大多数死亡本可避免。[24] 在不少贫困地区，多重问题（如水、卫生、医疗基础设施的服务获取机会）叠加在一起使人们难以维持自身与后代的健康。

在多因素共同作用对人类健康的影响过程中，显而易见 5 种资本资产全都参与进来了。人力资本当然包括健康的人，因此赋予健康既是福利的组成部分又是其决定因素的有趣特点。自然和制造资本能正向影响人类健康（如清洁的水、食物、居所、药品、烹饪和取暖所需的能源），而不同地区的社会资本与知识资本的特点常常会影响它们之间的关系。例如，相对简单的洗手技术和相关用品（通过制造资本和知识资本来创造并检测）能够被带到哪怕最贫穷的人群中，运用足量的合适社会／组织资本可以促进这一转化。哪里培养出健康卫生的氛围，哪里就能产生正反馈闭环：人群越健康，人力资本越能在解决社会环境问题、促进经济发展、创造新知识乃至提升人类健康等方面更有效地做出贡献。

教　育

作为福利的组成部分，教育是个人自我提升和集体进步的基础。教育福利使人们得以善用自身的经验和全世界的知识资本储备。

教育和其他福利度量的情况相似：收益是全球性的，但有些地区和人群被抛在后面了。[25] 青少年识字率在世界各地都得到了提高，其中进步幅度最大的是南亚、西亚和阿拉伯国家（图 2.3）。自 1970 年以来，全球成人平均识字率上升幅度超过 20%，在 2012 年达到了 84%。然而这项统计掩盖了如下事实：世界上每 5 名妇女中便有 1 名是文盲，数百万儿童仍处失学状态。提高教育获取机会的主要障碍包括暴力冲突、弱势政府、教育成本（家庭的和国家的）、健康不良（学生和家庭成员）。

如何使教育与作为福利终极因素的资本资产产生关联？学习是一项"在创造人力资本过程中起作用的核心机能"，[26] 对这一点的认同使教育成为可持续发展的当务之急。在使教育项目（包括开发、资助和实施）成为可能的组织结构中，社会资本发挥了关键作用。另外，社会资本在维护和平方面的作用同样属于兴办教育的先决条件。与之类似，知识资本为世界各地的人

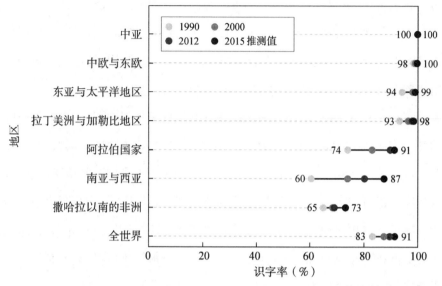

图 2.3　1990 年以来青少年识字率的变化及 2015 年预测值[②]

在教育过程中创新及为了教育而创新的过程中发挥了至关重要的作用。

机　会

机会指人们选择如何生活和想做成什么事的能力。机会是福利的关键组分之一,这是因为它涉及对生活中一系列选择的追寻。机会的缺乏可以多种方式呈现。例如,芝加哥或巴尔的摩的少数族裔学生可能会因为学校资金不足、社区不安全及美国延续至今的种族主义遗留问题而出现机会不足问题。再如,印度的农村妇女可能缺乏机会,因为她每天都有数小时花费在为家人采买燃料和准备餐食上。

在全世界许多地方普遍存在的不平等是机会的主要障碍。目前,世界上最富有的 1% 人口拥有约一半的全球财富;最富有的 10% 人口拥有接近 90% 的财富。[27] 同样,在国家内部最富者和最穷者之间的差距正在扩大。最可能遭受财富不平等之苦的群体是原住民、少数族裔和妇女。[28] 特别令人担忧的是,这些不平等现象世代相传,突显出人们缺乏逃离出生环境的机会。

尽管面临重重挑战，人们仍在努力尝试以各种创新方式改善机会获取的状况。以妇女为对象的小额融资项目（这是社会资本的表现形式之一）为她们提供了资金支持，帮助她们创办生产并使用制造资本的小型企业。在孟加拉国，旨在为妇女赋能的政策导致生育率的下降与预期寿命和儿童存活率的增加。[29] 自然资本（具体形式如稳定的气候或种植作物所需的水和土地等）和制造资本使人们能够获取并使用社会资源和生物物理资源，因此它们对追寻机会也至关重要。

社　区

与机会一样，社区也很难被定义。特别是在当今互联互通的世界中，社区的地理、社会和政治边界可能是易于穿透且不断更替变迁的。无论如何，在社会－环境系统中，"社区"通常被理解为在限定的地理空间内能够进行互动，并在某种程度上成为"命运共同体"（如经历飓风或地震等灾难时）的所有社会系统。[30] 无论是人们日常体验到的来自社会关系和信任的力量（或弱点），还是面对社会或环境受到干扰时在保持更长久韧性（resilient）的能力，社区在多种意义上都是福利的重要组分之一。培养强大人力资本和社会资本（包括值得信任的治理机构与不同社群之间的良好沟通）的社区能更从容地应对此类危机。

安　全

安全是我们福利分析的另一个重要组分。联合国开发计划署（UNDP）将人类安全定义为"免于匮乏和恐惧的自由"。[31] 在此意义上，人类安全不仅包括国家之间的和平，而且包括个人免于犯罪、歧视和饥饿的自由。

犯罪、国内冲突和恐怖主义位居当今世界人类安全受到的最大威胁之列。高犯罪率地区的居民每天都有不安全感。在这些地区，由于贫穷或族裔出身而处于社会边缘地位的群体往往受害最深。通过增加平等性及其他手段来减少犯罪，将对福利的其他组分产生积极的影响，使人们能够利用知识资本，同时使人力资本得到进一步的发展。与之类似，在全球范围内消除暴力冲突可以改进政府对自然资本资源的管理能力,还能提高公民对社会资本的利用能力。

福利的决定因素:资本资产基础

在我们的可持续发展框架中,包容性社会福利通过使用或消费广泛的产品和服务来获得支持,这些产品和服务全都是由地球的资本资产生产、提取并最终决定的。因此,这些资本资产可被视为社会－环境系统的有效"状态变量"。它们决定生产和消费过程的方式,以及相反相成,它们被生产和消费过程塑造的方式,是可持续发展中困难的症结所在。在以下各节中,我们将更详细地讨论 5 组资本资产,评估其不断变化的状况,探索它们之间的相互作用,并概述它们与包容性社会福利之间的关联方式。

自然资本

自然资本是由地球系统提供的资源存量和环境条件,可被用来满足所有人的基本需求。自然资本包括大气和气候、矿产资源、生态系统和生物多样性、生物地球化学循环、可种植作物的土壤、农作物本身、地下水或地表水资源、建筑材料、海洋渔业及人类所需的诸多其他产品和服务的来源。离开这些东西,人类将无法在地球上生存。另一方面,直到许多资源的存量水平(如大气中的氧气水平)变得不多不少恰好适宜现在的全球生命支持系统时,**智人**(*Homo sapiens*)才开始作为一个新物种崛起并享有这种支持服务。

某些类型的自然资本由于其衍生的产品和服务得到了人类的认可和重视,如人们已经习惯为之付钱的燃料、纤维材料和食品。然而,自然资本还有众多其他的社会价值,但这些方面在历史上一直被人类忽视或低估,这是因为直接享用由自然资本生产的产品和服务被认为是天经地义的。若问为什么,那就是因为它们"免费":社会在使用它们时从未付费,只有在丧失或损坏时它们的重要性才会得到确认(如在案例研究中我们已讨论过的,平流层中的臭氧层作为自然资本为人类提供的保护)。如今,研究人员正在努力对自然资本产生的产品和服务进行全面核算,以便更好地理解对该资本进行保护带来的社会价值（货币及其他形式）。从自然资本中获取，但较难被理解与说明的产品和服务包括野生和养殖的昆虫对作物的授粉过程，某些植物和生态系统能够防止土壤侵蚀并修复被侵蚀的土壤，珊瑚礁和红树林系统对鱼种场提供的保护，提供旅游和娱乐的机会及文化和道德价值等。不过，有些自然资本对大多数人而言显然宁可令其不复存在——蚊子就是个好例子！

　　当今地球的自然资本及其所提供的产品和服务处于什么状况？从千年生态系统评估（MA）开始[32]，继之以生物多样性和生态系统服务政府间科学政策平台（IPBES）的工作[33]，一系列评估表明，众多不同的生态系统服务正在下降（表 2.2），然而这些产品和服务恰恰是子孙后代必需的。人类活动正在威胁自然资本的多种不同要素（我们选取的一些要素见图 2.4），资产基础的下降或退化破坏了包容性福利，并成为可持续发展的障碍。

　　让我们来看一个例子：作为自然资本存量的淡水资源。可直接饮用的清洁淡水对人类健康至关重要，同时淡水也是工业制造、能源生产、农产品和食品加工等过程中的关键成分。不幸的是，淡水（一种自然资本资产）的存量往往会在这些产品和服务的生产过程中耗竭。在许多地方，人类抽取地下水的速度远超其恢复速度，从而令留给后代的可用地下水资源面临短缺风险。然而，对淡水资源的直接取用并非这类自然资本存量存在的唯一问题。正如伦敦案例研究所展示的，农业径流和城市环境中的污水排放系统向自然水体输入大量营养物质和其他化学物质，淡水资源出现水质退化并导致人类健康出现问题，时至今日许多地区的情况仍然如此。与之类似，接纳人类活动污染物的众多淡水和滨海水域正在经受营养的过度富集（又称"富营养化"）。富营养化的影响对象包括这些水域的捕捞者与水资源使用者，他们的经济福利受损，当然富营养化还威胁着该处依赖水资源而生的其他物种。

表 2.2　部分生态系统服务的全球趋势[③]

生态系统服务功能	下降	混合	升高
生态系统服务的供给功能	捕捞渔获 野生食材 薪柴燃料 遗传资源 生化资源、天然药物与制药资源 淡水	木材 棉、麻与丝织物	农作物 畜牧业 水产养殖业
生态系统服务的调节功能	空气质量调节 区域和本地气候调节 侵蚀调节 水体净化和废弃物处理 虫害调节 授粉作用 自然灾害调节	水资源调节 疾病调节	全球气候调节
生态系统服务的文化功能	精神和宗教价值 美学价值	休闲娱乐和生态旅游	

　　地球气候系统是自然资本的另一组分,它经常被人们忽视,实则至关重要。由于地球环绕太阳公转轨道的自然变化、阳光的辐射强度差异及地学过程中的生物变化与物理变化等因素的作用,地球的气候会在地质时间的尺度上发生变迁。尽管如此,在过去的几百万年中,地球的大气组成和气候一直维持在人类所能耐受的范围内,并且在过去的1万年中(最后一次冰期之后),气候变得尤为稳定,这支持了农业的出现和人类社会的崛起。

　　然而,在过去的几百年中,人类活动的规模已发展到能持续改变地球

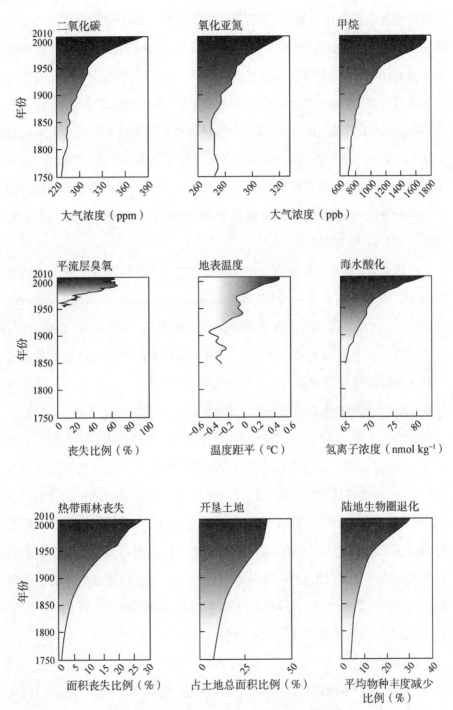

图 2.4　自然资本中特定要素的存量趋势④

气候的程度。使用化石燃料（数百万年前动植物尸体中物质分解所产生的能源资产）产生的能源消耗及（影响程度较小的）畜牧业、农业和林业造成的土地利用变化，正使温室气体被排放到大气中（图2.4第一行）。由于温室气体具有吸收辐射的特性，它们在较低的大气层中捕获热量，从而加热地表，导致全球平均温度的升高（高纬度地区的暖化趋势最为严重），升温的后果则是冰盖与冰川正在萎缩，海冰和高纬度地区春季的雪被正在减少，海平面正在上升，海水的酸化程度日趋严重。从热浪的发生、风暴强度的增加到农业生产和淡水资源受到影响，诸多方面都与气候变化相关。这一切变化都威胁到了后代的福利。

总体而言，自然资本在为人类福利提供基本条件方面发挥着至关重要的作用。最近UNDP的一份《包容性财富报告》（*Inclusive Wealth Report*）指出："大自然提供的大部分是必需品而非奢侈品……（人类）必须谨慎，以防导致福利下降的不可逆过程。"[34]由于来自自然资本的诸多产品和服务被认为理应视作免费品，社会极易倾向于过度使用因而降低乃至耗尽其存量，同时在其维持与回补方面投入太少。

自然资本也与其他资本资产发生相互作用。自然资本支持大部分制造资本（如通过使用化石燃料和建筑材料来创造制造资本），还支持健康的人力资本（如提供清洁的空气和水）。社会资本状况也会反过来影响自然资本（如在法规薄弱的地区，自然资源经常被肆意滥用而状况糟糕）。此外，自然资本还受社会经济学与政治安排的影响。例如，虽然许多较贫困的国家拥有丰富的自然资源，但这些资源的收益往往以原材料或生态服务的形式流向较富裕的国家。因此，自然资本与人类健康、人类活动和人类机构深度交织，它提供未来福利的能力正取决于此。

制造资本

社会－环境系统的第二种资产存量是**制造资本**。这个资产类别包括人工制造工厂及其生产的产品、交通系统、住宅、农业和净水技术、能源基础设施，以及从书籍、艺术品到鞋子、毯子等丰富我们日常生活的物品。通过提供食品、居所、安全和舒适的条件，制造资本可以直接为人类福利做出贡献，并对高效获取自然资本而言至关重要。随着全世界大多数人口住进城市，制造资本在这些城市系统的基础设施及它们与城市以外地区资源的联系中的作用变得愈加明显。制造资本往往会对人们的健康起积极作用。例如，考虑一下起初会传播疾病的伦敦污水系统后来起到了预防传染病暴发的作用，或者 17 世纪伦敦拥挤的木质建筑在伦敦大火发生时对这座城市造成的冲击。

世界各地的制造资本量一直在迅速累积。几乎可以肯定，前面讨论的城市化和消费速度加快表明这种增长会持续下去，尽管在世界上某些高度工业化且人口增长缓慢、停滞甚至负增长的地区，这种增长正在减速（图 2.5）。

尽管为人类福利提供了诸多好处，但制造资本也可能对其他资本资产造成损害，从而潜在地破坏人们对可持续性的追寻。例如，为了提供制造业所需资源而破坏天然林，可能引起一系列生态系统服务（包括生物多样性和防止土壤侵蚀）的下降，最终导致总体自然资本的下降。与之类似，制造资本在能源的生产过程中排放的污染物可导致人类健康受损，并损害人力资本与自然资本，对人类福利产生长期的不利后果。重要的是，这些负面关系并非不可避免。接受人工管理的森林可实现可持续收获状态，此时自然资本几乎不会出现长期下降。制造业可以推进减排直至净零排放，资源可以被一次次地重复利用，这样就能最大限度地减少对自然和健康资本的长期影响。正如我们将进一步讨论的那样，开发对其他资本几乎不产生负面影响的能源和制造材料令可持续发展目标的承诺充满实现的希望。

与自然资本一样，制造资本生产的产品和服务往往从全球欠发达地区流向较发达地区，而诸多负面影响（污染、糟糕的工作条件和低工资）仍留在欠发达地区。这种不平等既是由消费者模式（全球人口中 20% 最富有的

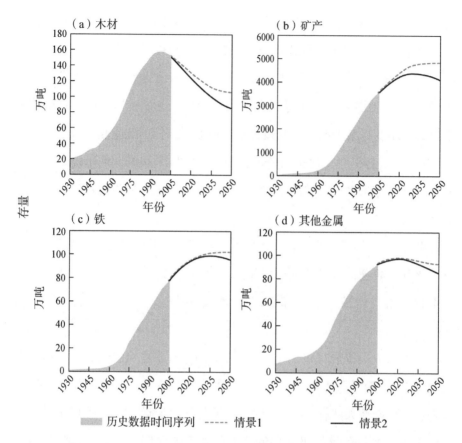

图 2.5　1930—2005 年，日本的建筑基础设施材料（木材、矿石、铁和其他金属）存量的估算变化及在两种情景下 2005—2030 年的存量预测趋势[⑤]

公民占据了私人消费总额的 76% 以上），[35] 也是由较富裕国家更严格的环境法规所驱动的。这造成的后果之一是：较发达地区的居民会意识不到创造或使用制造资本的全部成本，因为这些成本在自身所在地区并非清晰可见。在第 3 章讨论复杂的社会 – 环境系统时我们还会回到这个 "隐形性" 问题。

如今，科学家和工程师正在开展令人兴奋的新工作，设计能够更好地促进可持续发展的制造资本。绿色设计、制造过程的去材料化（dematerialization）或脱碳化（decarbonization）、生物技术的拓展及指向减少浪费的 "从摇篮到摇篮" 闭环设计，都属于正在培育的新方向（部分案例详见专栏 2.3）。同样，生态产业园区正努力通过对需求互补的公司进行配置来提高效率（例如，丹麦将鱼类养殖业产生的废弃物重新包装成附近农场的肥料）。[36] 为了减少目前这种不受欢迎的权衡现象——制造资本的增长会削弱其他资本资产，上述各类创新是必不可少的。

专栏 2.3　从摇篮到摇篮设计：转变制造目的

从摇篮到摇篮设计是革命性的，因为它寻求创造消除浪费并促进福利的产品和工序流程。[37] 这种设计的命名与传统的"从摇篮到坟墓"制造形成鲜明对比，后者产品的最终归宿是变成浪费在环境中的废弃物。从摇篮到摇篮设计旨在模仿自然界的生长与分解循环过程，永不停歇地回收利用环境中的原材料。从摇篮到摇篮设计包含去材料化（对用于制造产品的材料实施减量）和脱碳（降低制造过程对化石燃料的依赖）等概念，但其寻求超越这些尝试，试图使制造过程的危害进一步减少，同时接纳这样一种可能：关于过程和产品的发明会真正实现同时有益于人类和环境健康。

从摇篮到摇篮设计运动的两位先驱——建筑师麦克多诺（W. Mcdonough）和化学家布劳恩加特（M. Braungart）创立了一家公司，借此帮助企业界对产品进行不同的思考。[38] 例如，他们在建筑领域挑战人们的想象，"建筑物能制造氧气、封存碳、固定氮、蒸馏净化水质……积累太阳能作为燃料、培育土壤、构建小气候、随季节变化且美丽。"[39] 这种从摇篮到摇篮的设计思维正促使制造业发生诸多变化。例如，肖氏工业集团（Shaw Industries）作为世界上最大的

地毯制造商之一，发明了瓷砖式地毯（carpet tiles），它可以不断进行回收而不会损失任何材料。家具制造商赫曼米勒公司（Herman Miller）最近重新设计了一款办公椅，其材料可回收96%，并取消了任何有毒化学品的使用。该公司现在的企业目标正是创建从摇篮到摇篮设计。美方洁公司（Method）的清洁产品中有超过60种不同的配方通过了从摇篮到摇篮认证。虽然并非每种产品都能实现全面可持续，但任何产品都能在从摇篮到摇篮的志业中获益。

从推行堆肥等耳熟能详的资源处理方法，到开发从废水水流中收集材料的新工程方法，发明可彻底降解或重复使用的新型建筑材料，再到基于前沿生物技术和信息技术的其他创新，世界正进入一个激动人心的时期，此时社会试图在大幅增加手头资源可为之事的同时，限制该过程对社会 – 环境系统的资产或其他组分造成的冲击。🌱

人力资本

我们之前已经论证过，许多人的福利关键组分包含他们的健康和受教育程度。与此同时，受过良好教育的健康人又是实现福利的有力手段。因此，人在我们对可持续发展的处理中占据着双重地位。无论如何，我们认为详细阐明**人力资本**的特定作用非常重要。在这样做的过程中，我们发现关注3个组分大有帮助，它们共同决定了人类作为资本资产的数量和质量：①人口规模、年龄结构和地理分布；②人类群体*的健康状况；③构成该群体

---

* 在生物学中population意为"种群"或"居群"，在本书中视上下文情况将population译为"人口"或"（人类）群体"。

的人所获得的能力[教育、经验、默会知识（tacit knowledge）*]。[40]

借助人口统计、公共卫生和发展政策领域的大量研究成果，学者和从业人员开始了解制造资本和其他资本资产[包括食物和水、大气或水污染、工作机会和风险、住房条件（含室内污染物和病原体的接触程度）等]是如何影响总人口规模和群体健康状况的，还了解到提高福利面临的某些障碍同时也有助于刺激产生克服它们的最佳干预措施。与之类似，关于不同群体所受教育与其福利获取方式之间关系的知识，能够提供实现可持续发展最佳途径方面的洞见。总体而言，不妨将优秀的人力资本理解为"健康、受过良好教育、技能熟练并充满创新性与创造力的人"。[41]可持续发展的关键任务之一便是搞清这些特征应该如何培养。

在当今全球范围内，各地的人力资本状况差异很大。在本章前述关于福利的讨论中，我们回顾了健康和教育状况（图 2.2 和图 2.3）。在人口方面，世界已经变得越来越拥挤、越来越城市化，同时也越来越老龄化，我们正是要在这样的世界中追寻可持续性。2011 年，世界总人口超过 70 亿大关。**全球人口的年增长率仅略高于每年 1%，还不到 20 世纪 60 年代中期的一半。预计全球人口增长率还将继续下降，这反映的是世界上大多数地区的总生育率（1 名妇女一生中的子女数量）出现下降趋势。生育率的下降与医疗保健、计划生育及女性的教育和就业机会的获取密切相关；换句话说，这种最终会导致人口零增长乃至负增长的下降趋势是人类发展的结果。根据联合国和其他机构的预测，到 21 世纪末全球人口将达到近 110 亿，尽管由于生育率的变化该预测的中位数数值可能会发生巨大的变化（图 2.6A）。大多数分析师预计，到 21 世纪末或 22 世纪初，世界人口将趋于稳定。然

---

* 默会知识指难以或尚未使用语言、书面文字、图表和数学公式等符号体系表述的高度个性化知识，即所谓"不立文字直指人心""只可意会不可言传"。它包括以大脑为载体的个体默会知识和以人际关系结构为载体的组织默会知识。

** 2022 年 11 月，世界总人口已超过 80 亿大关。

而, 即使这种生育率下降趋势延续下去, 今天的年轻人在其一生中为全世界**添加**的人口数仍很可能会超过 20 世纪中叶的世界**总**人口数。

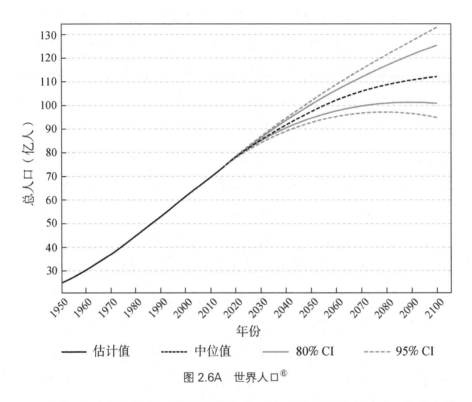

图 2.6A 世界人口[6]

未来, 几乎所有的人口增长都将发生于今日的发展中国家中, 其中大部分发生在那些全球最贫困地区 (图 2.6B)。相比之下, 今天的最发达地区的人口预计将出现下降——事实上其中一些地区已经呈现出该趋势了。几乎可以肯定, 移民数量的增加与上述人口统计学差异有关, 尽管其他因素如战争、流行病、环境灾害、国家立法等也很重要。这也就意味着, 清醒而客观地看待国际移民现象是十分重要的: 从最近的历史来看, 国际平均移民率只有全球出生率的 10% 左右。

国家或区域内人口的空间分布重构是另一个问题。城市化已经扭转了整个人类历史中以农村地区为主的全球态势, 从 21 世纪早期的城乡各占一半到目前许多预测认为的全球城市化程度将达到当今欧洲的水平 (约

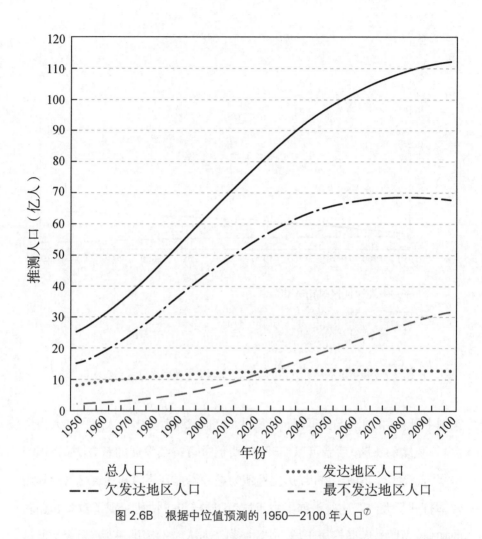

图 2.6B　根据中位值预测的 1950—2100 年人口[⑦]

70%）。到 21 世纪中叶，无论是在发达国家还是在欠发达国家，绝大多数人口都将生活于城市（图 2.7）。城市人口的增长部分归因于当地出生人数超过死亡人数，但更大部分归因于农村向城市的人口迁移，就像我们在案例研究中描述的伦敦历史那样。

从人力资本与其他资本资产和福利的关系来看，这些人口趋势意味着什么？显然，更多的人口意味着需要喂饱更多人"口"，并且存在以影响人类福利的方式破坏自然资本的潜在可能（正如我们在尼泊尔和雅基河谷的

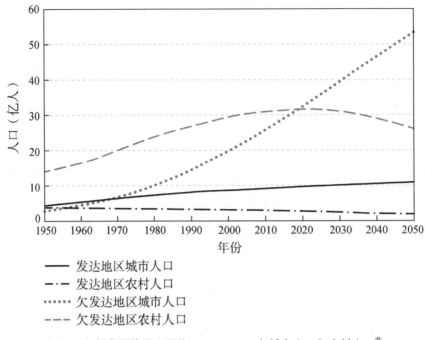

图 2.7 根据发展状况分区的 1950—2050 年城市人口与农村人口[8]

案例中所看到的)。与此同时,更多的人口也意味着更多的人"手"(人力资本)及更多的头脑,后者可以发现、发明促进可持续发展的新方法(知识资本)。此类工作集中于城市,历史性地为进一步提升能源和建筑材料的利用效率打开了大门。这些头脑集中于城市,同样历史性地实现了教育和创新的加速。另外,人群聚居于城市,既加剧了对人类健康的挑战(无论是通过污染还是通过疾病),又增加了改善医疗卫生领域的成功机会。

人口增长和分布的这些多重维度如何在特定地区发挥作用,部分取决于当地的消费选择和结果。为了推动高消费国家迈向可持续发展,可能需要政策和行为的改变(由社会资本支持),同时,那些最贫困国家则需要提振消费。在降低消费影响这方面,社会资本和知识资本也将变得日益重要。例如,通过生产并使用材料密集度较低的产品和服务及更全面的重复利用和回收循环,使消费对环境的影响减弱。社会资本对通向可持续性过渡的重要性是下一节的主题。

社会资本

在个人身上体现人力资本是重要的，个体之间的联系及由此产生的互惠和诚信规范——"社会资本"也同样如此。**社会资本**涵盖经济、政治和社会层面的各种安排，包括法律、规则、规范、网络、金融安排、机构和信任。这些都会对人们如何相互作用，如何与环境及社会－环境系统其他组分互动产生影响。我们这里使用的术语"**制度安排**"（institutional arrangements）正是指社会的"游戏规则"，它影响着人们彼此之间及与社会－环境系统其他部分的互动方式。这些规则可以是正式的，也可以是非正式的。规则的例子包括政策、法规、地方规范和习俗、合同和产权安排。规则不仅对使用和管理社会－环境系统的权利和义务进行了详尽说明，而且具体规定了谁来承担监督违规行为并强制执行规则的责任。

构成社会资本的多种安排共同形成了基础结构，推动变革的参与者和执行者在其中制订议程，要求政府和企业承担责任，对产品和服务进行分配。因此，社会资本影响到社会作为"杠杆"能以何等效率去撬动其他资本以创造包容性福利。例如，在海洋渔业中使用鱼类跟踪与捕捞的新技术（制造资本受益于知识资本，并得到金融工具和其他形式社会资本的支持）可以削弱或改善鱼类存量（自然资本）的状况，取决于渔业政策和规范（社会资本）的存在与否及其有效性高低。伦敦案例说明，在 19 世纪想要降低水污染对人类健康的影响，不仅需要对水污染与疾病之间的关系（知识资本）和下水道等创新技术（人造资本）有新的认识，而且需要设立新的区域治理和融资结构（社会资本），方能使这些改进得以大规模实施。社会资本在获取和使用自然资本方面发挥着特别重要的作用。存在何种类型的权力关系、市场和产权如何架构、谁有权参与决策，这些是决定特定地区的自然资本是否会出现退化的关键。

在采取有助于追寻可持续性的方式来管理社会资本资产这方面，我们的社会做得如何？关于这个复杂的问题人们尚未达成共识，只有很多不完整的答案。正如我们将在第 4 章中讨论的那样，社会 – 环境系统的"善治"（good governance）——社会资本的组分之一——对可持续性至关重要。在没有其他理由的情况下，可持续发展所面临的众多挑战都需要人们同心协力才能解决。过去的半个世纪中，在对涉及人权、民主决策和环境保护等主题的相关规则和规范的强化方面，社会看似已毋庸置疑地取得实质进步。然而，对证据的批判性审视表明，这些努力的成果在很多方面都低于预期。尽管我们有保护臭氧层的经典案例，但它描述的实际上是个重要例外，其他全球性环境条约基本上都失败了。新自由主义（neoliberal）兴起后主张一切顺从市场而对政府持对抗态度，这削弱了社会的韧性。世界各地都在关注并哀叹，相互依存的多重纽带正在不断退化，这些纽带原本是有助于社区为实现共同目标而保持团结的。人们普遍认为，信任是所有这些社会资本表现形式的核心。然而在世界各地，信任（无论是在政府之间还是在公民之间）都只呈现出零星的散布。数十年来，信任在许多地方一直持续下降（图 2.8）。

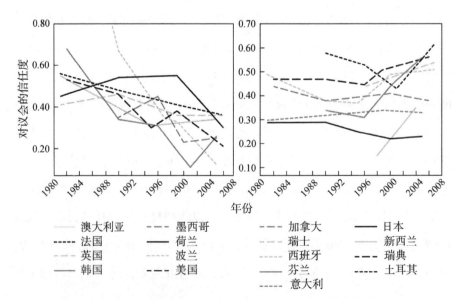

图 2.8　选定的经济合作与发展组织（OECD）国家人民对议会（指该国的主要民主代表机构）的信任趋势[9]

就导向自然资本存量可持续利用的途径而言，改善世界各地的社会资本非常重要，降低人类面临社会和环境冲击时的脆弱性（vulnerability，定义为遭受伤害的可能性）同样至关重要。例如，在大多数情况下，目前世界各地最贫穷与最弱势的群体在气候相关事件中是最容易受到伤害的。在世界各地的城市贫民窟（city slums）中挣扎求生的居民无法获取公共服务或触及韧性基础设施，因此面对风暴、干旱、热浪和其他气候灾害时尤为脆弱。同样，低社会资本国家的政治制度不稳定，暴力冲突持续不断，因此不太可能制定可靠的长期激励措施以减少发展对环境的影响。因此，为了帮助个人和群体适应气候变化，研究者正在关注制度变革和社会资本的提升。

社会科学领域的学者及对可持续发展感兴趣的从业人员也提出了更广泛的问题，如在人们应如何发展社会资本以促进繁荣这个方向上，具体问题包括：如何有效地分配资源？如何激发与资助针对可持续发展目标的创新？企业如何实现在财务盈利的同时还能考虑到子孙后代的利益？怎样才能建立合作开发共享资源所需的政治意愿和信任？围绕这些思考，其实隐含着一个更为基础的问题，那就是社会应如何推动对资本资产使用产生的利益和风险进行公平分配。换句话说，应该如何强化制度才能够避免"公地悲剧"（tragedy of the commons，指对有限的共享资源索求过度，结果造成了威胁）？我们将在第 4 章更详细地讨论这些问题，探讨社会－环境系统的治理过程会如何影响推进可持续发展目标的实践努力。

知识资本

最后，**知识资本**是社会增进福利所依赖的第 5 种资产存量。在我们的框架中，知识资本同时涵盖概念知识与实践知识，包括基本原则、信息、事实、设备设计和程序步骤。这些都是无形的公共产品：原则上任何有需要的人都可以使用它们，并且它们可被重复使用却（短期内）不会发生损耗。

无论是由于技术过时（如老式三桅战舰的驾驶技能）还是因为生物进化（如过度使用抗生素或杀虫剂导致自然选择抗药性个体，最终使药剂丧失功效），有用知识存量的某些部分（长期来看）总是会减少。因此，研究和创新是针对公共知识存量进行再补给、更新和扩大的重要投资。同样，我们还可以集成以前所创造知识的新用途，并将默会知识、私人知识或经验知识整合入知识库，从而扩大公共知识的存量。无论知识是以何种方式被创造出来的，面对可持续发展的复杂现实，知识的不完整性和易错性难以避免。因此我们需要采取反应迅速的适应性方法，以来自实地经验的第一手信息对创新的评估和再设计进行及时的反馈。通过这类适应性方法的设计来增加有用知识的储备，是一个值得研究的领域。

除非得到其他资本资产的支持，否则仅凭知识资本自身是无法充分发挥其促进可持续发展潜力的。激励并实现无障碍创新需要强大的社会资本，尤其是在公共产品领域。同样，受过充分教育的人力资本也是必要的，拥有它才能保障知识只要存在就会被使用。在确保社会各阶层对知识的公平获取方面，信息技术等制造资本可以发挥重要作用。一旦社会通过资本资产管理成功地促成了上述协同合作，那么新知识对可持续发展的贡献将是深远的。事实上，许多观察家认为，追寻可持续性的核心必须既包括对此类创新成果的广泛获取，又涵盖有效促进适应性创新的能力。

世界各地正在探索如何创造并调动可持续发展的知识，以便为下列对象提升包容性福利：当下的弱势群体、尚未出生的后代及目前自身富裕但希望能减少其消费行为所产生有害"足迹"的人。围绕如何创造（并确保公平获取）追寻可持续性所需的知识资本这一点，第 5 章将讨论人们的成败和经验教训。

通过资本资产整合走向包容性福利

前面的讨论清晰地表明，5 组资本资产能够以改善人类福祉的方式发生相互作用；事实上，本章开头讨论的所有人类福祉的改善都可以追溯到这些资产的共同利用。回顾过往，同样显而易见的是，许多社会福利的提升都是以自然资本为代价的：清除草原和森林及灌溉沙漠，从而提高粮食产量；

把作为病原庇护所的沼泽地排干从而减少疾病的发生；通过使用伴随着污染物排放的化石燃料，光、热和电丰富了数十亿人的生活。由于从自然资本的丧失角度来看成本过高，上述行为虽收益巨大，但存在无法长久维持的风险。

那我们该怎么办呢？社会应如何在努力满足当下人们需求的同时，保护构成地球生命支持系统的自然资本和其他资产？如何管理资本资产才能实现在真正的包容性意义上（扩展到全世界并世代相传）改善福利？

我们认为，这些问题需要尽快得到回应，找出能提供巨大机会的答案。人们正在学习如何增加自身真正需要的消费，同时减少不需要的消费。通过采用新的管理方法和新技术的创新设计，生产和消费的负面影响正在减少。提高当前福利的手段考虑到了维持后代福利所依赖的多种资本资产的必要性。新型社会资本（包括政府和企业的社会 – 环境政策、国际协议和地方知识网络）鼓励和规范制造资本的创造，使人们能在受益的同时保护环境。教育程度更高且更健康的人口会更有能力构想与实施在地球上经营事业的新方式。新类型的知识及其与经验的结合正指向更好的进步方式。为了向可持续发展过渡，上述所有部分都需要整合到一起。我们认为自己这个关于可持续发展的思考框架鼓励大家专注于对所有的资本资产进行整合管理，改善现在和未来的福利。

然而，将这些部分组合起来需要强大的理解能力，能够解释资本资产的各种变化（无论它是由政策、审美品位还是技术的变化引起的）可能与其他资产发生怎样的相互作用，从而通过生产和消费的过程形成包容性社会福利。完美地完成上述任务超出了我们的能力范围。但过去几十年在理解社会 – 环境系统动态方面取得的革命性进展，已经为更好地开展工作奠定了坚实的基础。弄清这种理解对追寻可持续性能够提供怎样的贡献，这将是下一章的核心内容。

图表注释

① 图2.2出处：Deaton,Angus,*The great escape.* © 2014 Princeton University Press. 经普林斯顿大学出版社允许转载。译者注：该书中译本为《逃离不平等：健康、财富及不平等的起源》，[美]安格斯·迪顿著，崔传刚译，中信出版社2014年8月第1版。

② 图例中"1990"指1985—1994年，"2000"指1995—2004年，"2012"指2005—2012年。图2.3出处：UNESCO Institute for Statistics,www.uis.unesco.org/datacentre.

③ 表2.2数据来源：Millennium Ecosystem Assessment. *Ecosystems and Human Well-Being: Synthesis.* Washington, DC: Island Press, table 1, p.7. 2005. 译者注：该报告中文版为《千年生态系统评估报告集（一）》中收录的"生态系统与人类福祉：综合报告"，赵世洞、张永民、赖鹏飞译，中国环境科学出版社2007年5月第1版。

④ 图2.4出处：W. Steffen, W. Broadgate, L. Deutsch, O. Gaffney, and C. Ludwig. "The Trajectory of the Anthropocene: The Great Acceleration." *Anthropocene Review* 2[1]: 81-98, fig. 3. 2015.

⑤ 根据1995—2005年的平均值，情景1预测了建筑材料的未来流入量；情景2在此基础上进一步考虑了未来日本人口的预期下降因素。注意各分图纵坐标轴刻度的差异。图2.5出处：T. Fishman, H. Schandl, H. Tanikawa, P. Walker, and F. Krausmann. "Accounting for the Material Stock of Nations." *Journal of Industrial Ecology* 18[3]: 407-420, fig. 3. doi:10.1111/jiec.12114. 2014.

⑥ 图中1950—2015年数据为基于实测数据的估算值；2015—2100年数据为根据变量的中位数数值和置信区间（CI）推算的预测值。中位数预测基于如下假设："在大家庭仍然普遍存在的国家中，生育率出现下降；在每名妇女平均生育子女数少于两人的若干国家中，生育率将略有增加。"图2.6A数据来源：World Population Prospects: The 2015 Revision, Key Findings and Advance Tables. Working Paper No.ESA/P/ WP.241, by United Nations Department of Economic and Social Affairs, Population Division, © 2015 United Nations. 经联合国允许转载。

⑦ 图中数据按发展状况分区："欠发达地区"包括中国和印度，但不包括最不发达地区的国家；"最不发达地区"包括大部分撒哈拉以南的非洲地区。图2.6B数据来源：United Nations, Department of Economic and Social Affairs, Population Division. data file "Total Population-Both Sexes," esa.un.org/unpd/wpp/DVD. *World Population Prospects:*

The 2015 Revision; downloadable files. 2015.

⑧ 图2.7出处： United Nations Department of Economic and Social Affairs, Population Division, *World Urbanization Prospects: The 2007 Revision*, © 2008 United Nations. 2008. 经联合国允许转载。

⑨ 图中数据来自世界价值观调查（the World Value Survey）项目。左图中国家的人民对议会的信任度呈现出明显的下降趋势：包括波兰、韩国、美国、墨西哥、法国和荷兰。右图中的国家，尤其是瑞典、土耳其、新西兰和西班牙等，人民对议会的信任度不断提高。图2.8出处：A. Morrone, N. Tontoranelli, G. Ranuzzi. "How Good Is Trust?: Measuring Trust and Its Role for the Progress of Societies." *OECD Statistics Working Papers* 3: 1-38, fig.4. OECD Publishing. doi:10.1787/220633873086. 2009.

第 3 章

社会 - 环境系统动态

正如我们在第 2 章所见,社会福利取决于许多因素:教育和就业机会,技术和人造产品,政府、公司和机构运作良好、支持社会运作,地球的自然资本(人类的"生命支持系统")提供的产品和服务,这些都至关重要。为了实现可持续发展,它们必须共同起作用——它们是紧密耦合的系统组分。

在图 2.1 显示的可持续性理解框架中,我们遵循惯例从生产(供应)和消费(需求)过程的角度描述了紧密耦合的系统。这个观点有助于分析如何以更符合可持续发展的方式生产和消费特定的产品和服务(如食物、能源、住房等)。如果只围绕某一组产品或服务为中心写作(如讨论粮食系统在可持续发展中的作用),我们显然会坚持这种生产 – 消费框架。然而,正如我们在第 2 章中所建议的,这种框架的缺点是将生产和消费过程设置为相互对立,而事实上两者很少像看上去那样截然不同。恰恰相反,生产和消费这两者中每个都既是另一个的原因,又是另一个的结果。该框架的另一个缺点是,关注特定的生产 – 消费系统,往往会模糊其他同类系统在资本资产基础上的竞争需求(例如,粮食系统和能源系统争夺同一份水资源)。最后,生产 – 消费框架暗示人类的选择可以决定一切,低估了大自然自身的动态过程(如进化、自然气候变化)的作用。出于上述原因,我们发现在追寻可持续性的过程中重要的是超越特定的生产 – 消费系统,着眼于为可持续发展

奠定基础的社会 - 环境系统的一般属性。这些属性和由此产生的动态过程是本章的主题。[1]

为了更好地预测具体干预措施（如新政策、新技术、新管理方法）如何增加或减少社会福利，需要了解社会 - 环境系统的运作方式。然而，大多数科学家、管理者和决策者倾向于关注社会 - 环境系统的某一部分，很少关注它们的耦合性质。开发组织和社会科学家最常关注的是人类、社会和经济的议题、活动和相互作用，而将环境问题放在一边，只考虑短期内的资源问题。相反，环保团体和自然科学家过去通常关注并优先考虑环境和"自然世界"，把人类因素更多地视为生态系统和环境系统的负面风险压力。为了实现可持续发展目标，必须把这些从狭隘视角获取的知识整合起来。缺乏对决策所处的社会 - 环境系统的全面评鉴和理解，往往会产生非预期的负面后果。

第 1 章介绍的案例很好地对此进行了说明：一些善意的做法成功地提高了人类福利的某些方面，却未能对包容性社会福利做出长期贡献。在我们的案例研究中，雅基河谷作为小麦绿色革命的发源地，从 20 世纪 50 年代到 21 世纪初，通过使用改良的谷物品种、工业肥料和灌溉系统来加强农业，粮食产量出现了大幅增长。绿色革命的初衷就是满足不断增长的人口对食物的需求——这是一个非常重要的善意目标！不幸的是，这种农业强化往往还会导致其他后果：化肥和杀虫剂的渗漏对空气、水和人类健康产生负面影响，水资源的过度利用，土壤资源的退化，社会不平等，本土社群流离失所。今天，雅基河谷和世界其他地方面临的挑战是：在继续提升农地粮食产量的同时，减少那些将损害后代福利的负面后果。

平流层的臭氧问题同样始于科学家改善人类福祉的努力。在探索安全制冷剂的过程中发明了一种名为氯氟碳化物（CFCs）的全新化学品。除了作为制冷剂，它对许多其他关键制造工艺和产品来说似乎也是既有用又安全的。到此为止，CFCs 堪称聚焦社会挑战和人类福祉的科学与工程创新的优秀范例。为制造公司工作的科学家对 CFCs 进行了广泛的测试，确信它们不会引发环境问题，然后为其颁发了健康证明。然而不幸的是，由于当时的科学家缺乏系统视角，没有考虑到大气层中的 CFCs 会发生什么化学反应，因此也不会去进行实测，他们及其他人都忽略了一个事实，那就是 CFCs 可能会破坏大气层中的关键保护层，对人类和生态系统健康产生潜在的负面影响。随着时间的推移，关于这种潜在影响的新知识促成了一项国际协定，限制使用 CFCs 和其他损耗臭氧的化学品。臭氧损耗不再仅被视为"环境问题"，新观点是因为它威胁人类的健康和福祉，所以必须采取行动（换句话说，问题的框架从"救救臭氧层！"转向了"紧急自救！"）。

关于管理日益扩张的城市需求，伦敦有漫长的奋斗历史，也曾因误解社会－环境系统导致人类痛苦和环境破坏。例如在 19 世纪早期，伦敦人不知道霍乱是由可通过污水传播的细菌引起的，反而认为这些疾病应归罪于恶臭。为此该市付出了巨大努力，将后院和粪坑中的粪便排入了泰晤士河，而泰晤士河是居民的主要水源，于是这种试图清洁伦敦城市环境的努力反而在无意中导致数千居民死于霍乱和其他疾病。最终，科学家和公民通过持续的跨学科合作发现了疾病的真正源头，并采取了行动。

在尼泊尔的灌溉系统案例中，探讨的是当未能考虑小型社区的参与和关切时，政府对灌溉的干预会导致什么结果。显然，未能意识到——或更糟糕——直接无视社会－环境系统中的联系和相互作用，必然会造成麻烦。

那么，我们应该如何思考这些系统？我们对耦合的社会－环境系统有哪些了解？如何分析和管理这些系统？

理解系统

人类及其机构、基础设施和环境中的生命支持系统都是一个耦合系统内的组分。出于这样的认知，追寻可持续性的我们不禁要问：这些系统是如何运作的？政策、管理实践和其他干预措施是如何影响系统运行的？社会－环境系统是**复杂适应性系统**，具有以不同方式相互作用的多个关联组件。它们表现出正、负反馈，跨越时空关联，以及非线性和引爆点，这些引爆点随每次新干预影响系统的运行方式与变化方式。但在深入了解本章主题（社会－环境系统的某些已知内容）之前，让我们先简要讨论一下系统的一般特征。

"系统"这个术语，无论是被工程师用来描述汽车或污水处理厂，被生态学家用来描述森林，还是被规划师用来描述城市，通常指的是一个具有边界的区域，内含一组具有相互连接和相互作用的元素或组件。渔民加上渔船可被视为一种捕鱼系统。但是，把他们放到湖面或海面上就会产生一个新的系统，其中包括水、鱼、鱼的食物、食鱼动物、与鱼类竞争的其他生物、渔民群体、渔具、管理渔民行为的法规等。为了分析并解释在特定系统中发生的事情，进而管理该系统，就需要对该系统进行定义。换句话说，必须对系统的边界进行描述。

社会－环境系统在时间、空间上可以按多重尺度进行定义、研究和评估。例如，我们对伦敦的案例研究侧重于几十千米的"城市"尺度，但从这里"向下"可以在家庭和社区规模上分析，"向上"则会扩充纳入城市的腹地和广义都会区（英国的一级行政区划"大伦敦"），这座城市的资本资产正是来自这些地区。相比之下，臭氧案例聚焦在全球尺度，从地表到外层大气，再到地球的整个行星外围。尼泊尔灌溉系统案例侧重于流域尺度，但同样需要考虑家庭和国家尺度的现象。在雅基河谷的案例中，尺度从农田、农场到农业区带，到海－陆区域，再到州、国家和全球范围。此外，这些尺度之间的联系非常重要。例如，在雅基河谷的案例中，农田和农场做出的决策在该尺度上意义重大，但还会通过与之关联的水、空气、人、其他物种和金钱等发生转移，给其他地点乃至区域带来不良后果。因此，农场尺度上的行动会无意中影响下游地区的河流、含水层乃至海洋的水质，也会影响上游地区的空气质量，如河谷中人口稠密的城市地区乃至全球的空气质量。

在对感兴趣的系统进行界定时，时间尺度也很重要。我们将伦敦案例收入本书的原因之一就是要强调在对可持续性分析的代际关注中,必须认真应对系统固有长期问题的难度和重要性。鉴于伦敦在其2000多年的历史上发生过多起灾难,当今天的我们说伦敦的发展在某个时期是可持续(或不可持续)的时候,究竟意味着什么呢?展望未来,对伦敦可持续发展前景的评估应着眼于一代人、1000年或其他长度的时段?让我们假想对伦敦的可持续性分析发生在紧随大疫和大火之后的1670年,当时市民中的领军人物哀叹"这座城市重建的希望已经变得越来越渺茫,每个人都去别处定居了,也没人支持继续在这里做生意",[2]那么这类分析应该考虑采用哪种尺度的时间框架呢?

我们已知的是,系统功能在很大程度上受到其早期历史中外部冲击及内部事件的影响。经济发展始终是具有历史意义的时间动态过程。生态学家已经开始意识到生态系统并非经常处于(无视历史的)"平衡"(equilibrium)状态,恰恰是过去的事件(如土地清理或飓风干扰),深刻地影响着系统目前的运作方式,而且这种影响还会继续延续到未来。于是,生态系统研究发生了戏剧性的巨大变化。

理解并跟踪系统的时空变化,可以通过对系统在时空中特定部分存量(或数量,如森林中树木的生物量、储水池或蓄水层中的水量、办公楼或城市中的人数或第2章中介绍的资本资产存量等)的测量来实现。在任何系统中,存量的规模或数量都是由投入和产出(或者说是输入通量或输出通量)控制的。举个经典的例子,浴缸内在某个特定时间点的水量(水的存量)及其随时间的变化,是流入水量(进水量)减去排走水量(出水量)的函数。打开或关闭水龙头会影响进水量,打开或关闭排水管会影响出水量,这些输入和输出共同控制着水的存量。对于希望控制流入和流出农田水量的尼泊尔农民来说,这是一种尤为真实的实践经验。水的存量与进水量、出水量紧密相关,这是影响收成好坏的关键。在某些系统中,与投入、产出及两者之间的差额相比,存量的规模十分庞大。在这些系统中,控制参量的改变与其产生的可观察效果之间可能会出现长时段的滞后，而这就是人们所说的系统惯性（inertia）。关键存量的惯性有时意味着"船大调头难"，因此规划提前量是很有必要的（就像气候变化的情况一样）。

理解复杂的社会－环境系统

考虑到所有系统都具有的这些特点，应如何理解和评估社会－环境系统？在这类系统中，我们在第 2 章描述的 5 种资本资产（自然资本、制造资本、社会资本、人力资本和知识资本）是相关的"存量"。这些资产存量的流入和流出受众多自然过程及社会的生产和消费过程控制。正如我们在第 2 章所建议的，可持续发展在许多方面是一种通过资产管理来促进包容性社会福利的挑战。因此，在制订行动方针或进行干预之前，我们有必要评估这些行动会如何改变社会－环境系统资产基础流入和流出的可能性，及其由此改变资产存量的规模和构成以支持可持续发展的能力。

了解不同的生产和消费决策对资产基础状态的影响能力，对可持续性的明智追寻而言似乎至关重要。然而不幸的是，对这些后果完备的彻底理解几乎遥不可及。为什么会出现这种情况？因为社会－环境系统是复杂适应性系统。

在生态学、生物学、物理学、数学、计算机科学、人类学和设计规划等领域，复杂适应性系统已被广泛研究。正如我们前面提到的，该术语表示的系统由多个相互关联的部分组成，系统中的反馈会影响各部分之间的相互作用，此外，系统还具有自组织和突现行为（emergent behavior）的特征（这意味着系统作为一个整体的行为表现，要比可预测的各部分单独行为的简单加和更为复杂且具有组织性）。以下各节将讨论与复杂的社会－环境系统因素相关的一些最具挑战性的特征——这些因素使得我们虽然对系统堪称见多识广，但事实上在追寻可持续发展时仍然困难重重。

反馈系统中的交互作用

反馈回路（feedback loops）是系统中元素发生相互作用的重要方式之

一。当系统的某个部分或组件（特定的过程或变量）发生变化时会影响其他部分，并由后者通过加强变化（正反馈）或抑制变化（负反馈）的方式反过来影响初始组件，从而形成反馈回路。反馈来自一系列往往难以测量或预测的事件。让我们来看几个与可持续发展相关的反馈示例。

贫困社区缺乏充足的公共服务，这可以通过修建道路、学校、操场和安全供水的基础设施等得到改善。这些行动的筹划设计旨在提高社区居民的生活质量，在其他一切相同的情况下，行动应当得到实施。然而，反馈可能会发生：由于提供了更好的基础设施和支持，该地区对有求之人具备新的吸引力，他们的涌入却再次导致公共服务不足及其他可能的恶化状况。唯有持续不断地追加投资，进一步改善基础设施和服务，才能避免该地区陷入更深的衰退。

同样，拥有原生或高质量生态系统（如偏远热带岛屿周围的珊瑚礁）的地区和国家，可以通过旅游业对其经济福利产生积极影响。但旅游业的过度发展，以及由此造成的生态产品和服务的过度开发，可能会使前述利益的生效时间很短。短期利益导致的长期生态系统退化使旅游业效益减少，最终导致经济福利下降。同样，商业化的渔业采用了新型捕鱼技术（包括利用卫星追踪鱼群等），在提高单次捕捞的渔获量方面取得了令人难以置信的成功，在短期内提高了渔民的经济福利，但同时造成了严重的过度捕捞，引发了某些鱼类的种群灭绝，最终导致渔民失业。显然，如果没有对系统反馈行为的预测和管理，则会导致意想不到的后果。

毫不奇怪，我们的案例研究包含许多对反馈机制的解释，其中最严重的情况显然出现在伦敦的人口增长记录中（见附录 A 图 A.1）：快速增长时期之后跟着的总是人口几乎不变的长期"平台"阶段，每个"平台"阶段都反映出存在某种资源过度紧张的反馈机制，这种反馈降低了城市作为繁荣之地的生存能力。在尼泊尔的案例中，农民对灌溉系统的自我管理成功构建了关键的反馈，解决了造成政府管理系统失灵的"搭便车"问题。农民通过谈判来明确规则, 规定每个家庭需要贡献什么, 并商定制度, 规定社区成员如何遵守规则并执行监督。在臭氧的故事中, 我们可以在大气化学中找到一些反馈 (回想一下导致臭氧分解的连锁反应), 但它同时是令人着迷的社会反馈机制的一个好例子。《蒙特利尔议定书》之所以会取得成功, 部分原因是它促进了新共识的可能性, 即可以通过监测、科研或技术进步产生的新信息来对减少损耗臭氧层化学品使用的时间表进行调整。这种反馈被证明是无价的, 随着日益令人担忧的新证据的出现, 该协议不断得到加强并进行了一系列的更新。

时间与空间中的隐形性

由于社会－环境系统的各个部分在时间和空间上相互联系, 因此, 为促进包容性社会福利而作出明智选择的工作变得更加复杂。在某时、某地做出的决定可能会对遥远的时空产生影响。当这些后果对所有相关方都 "可见" (知晓、理解和确信) 时, 至少有望通过谈判达成治理协议, 以确保一个群体的福利不会以牺牲其他群体为代价。然而, 如果本地的选择对其他社区或后代确实会产生影响, 但决策者却看不到这一点, 我们该怎么办? 这种**隐形性** (invisibilities) 在社会－环境系统中比比皆是, 经济学家和决策分析师经常将其定义为**外部性** (externalities) 来讨论。我们将在第 4 章回到关于外部性治理的讨论。此处我们还要关注科学的作用, 它能让决策者和相关公民看到外部性的存在, 从而使治理成为可能。

隐形性的第一个维度是单纯的无知。在 12 世纪, 伦敦首次用煤炭作为自然资本资产, 为光和热等能源类服务的生产过程提供燃料。当时无人知道煤炭的使用过程中排放的某些污染物会导致危险的气候变化。科学界用了 700 年才对温室效应形成了成熟的认识, 因此促成了对大气的监测。此后又用了 100 年才使化石燃料利用所导致的气候变化风险对全社会来说变得足够 "可见", 从而促使各国领导人开始着手解决这个问题。臭氧问题的进展相对较快, 即便如此, 在 20 世纪 30 年代, 当 CFCs 被首次合成并加入世界知识资本存量时,对它的科学认识状态是:没人会想到 CFCs 能对平流层大气中的臭氧层造成破坏,并进而威胁人类和生态系统的健康。40 年后,研究和监测工作——最初都是出于与 CFCs 基本无关的原因而开展的——使这些风险的可见度变得足够高,由此开始引发政治行动。

在社会 – 环境系统中,无知造成的隐形性无处不在。其中某些隐形状态可以通过有针对性的搜索、研究转变为可见状态,如流行病学家探寻、揭示环境中的特定化学物质是否会对人类健康构成威胁。好奇心驱动的研究和监测活动至少和对可持续性的有意识追寻同等重要,前者为我们在无知形成的黑暗空间中投入了光明,使藏身其中的新机遇和新风险变得显而易见。

当某地的决策者看不到自身行为对生活在别处的人造成的损害(或带来的好处)时,就会出现第二种隐形性。由于他们看不到自身行为的社会总体后果,他们便可能会做出"自私"的选择,而这又有可能破坏包容性社会福利,进而破坏可持续发展。尼泊尔灌溉系统的案例提供了很好的说明,当上游的用水者决定抽取超额水量时,他们对此举会给下游用水者造成的损害视而不见,因此也无法承担相应的责任,于是麻烦就产生了。

在更大的尺度上,跨区域的空气污染也带来了类似的挑战。例如,考虑一下欧洲在处理该问题时的努力。正如伦敦案例所示,早在 13 世纪,当地人便已亲眼目睹使用化石燃料造成的空气污染,这种局部的有害影响已经被人们承认。随着时间的推移,伦敦(及更大范围:整个英国)的决策者通过多种方式缓解了这些不受欢迎的影响,既包括燃料更新和技术改良,也包括"眼不见为净":通过越造越高的烟囱把大部分有害污染物送去更远的地方。然而,直到 20 世纪 50 年代中期,瑞典的科学家才开始看清这些污染物的去向。它们跨越国界,沉降在欧洲的其他地区。但由于对欧洲其他国家造成严重空气污染损害,应由英国承担的这种责任,还需要长达 30 年的深入研究和监测才能确保它作为无可辩驳的不争事实被公众和政治领导人"看清"。面对确凿的证据,英国同意与其他国家一起签署国际协议,减少本国因化石燃料能源的消费给他国带来的污染负担。

当某地的决策者看不到自身行为给他们的后代带来的损害(或好处)时,第三个维度的隐形性就出现了。由于看不到其行动的社会总体后果,决策者可能再次做出"自私"的选择,损害包容性社会福利,进而破坏可持续发展。从农业生产实践中对后代至关重要的自然资本(如土壤和地下水)的消耗,到我们的供水中积累的慢效致癌物,这样的例子堪称众多。不过,温室气体和气候变化再次当选该维度的经典案例。

诚如联合国政府间气候变化专门委员会(IPCC)报告中的当代科学观点所描绘的,[3] 如果目前能源生产领域的人类活动不发生根本性改变而"一切照旧",那么未来的气候将是极具破坏性的。但对许多政客(及资助他们的利益集团)来说,炽热得嗞嗞作响的被淹没未来图景不过是种黯淡而遥远的幽灵,相比之下,今天继续使用化石燃料所带来的好处才是真正看得见摸得着的,因此后者较前者不可抗拒得多。来自诸多领域的社会成员(包括社会活动家、小说家和电影制片人)都在努力工作,让基于碳能源的经济可能导致的未来后果的相关科学知识可见度得以提升,而这些努力本身造成的影响也变得越来越清晰可见。

在追寻可持续性的过程中,令隐形事物原形毕露是一项至关重要的任务。在此过程中,来自科学研究、分析、测量和监测的贡献必不可少。因此毫不奇怪,那些只顾兑现眼前自身利益者,在自己装瞎的同时还在力图蒙蔽位于其他地方、其他时间人们的双眼,让后者看不到前者自私行为的后果,而且这些自私自利的人在每次转折点都会尝试去挖科学的墙角,从而破坏其根基、削弱其影响力。内心不够坚定的懦夫是不配去追寻可持续性的。

复杂性

谈到社会 - 环境系统的复杂性,其最重要的含义是:事实上你根本不可能"只做一件事"(而不造成其他影响)。很多人都说过类似的话,其含义是很明确的：在社会－环境系统中产生反馈的、隐形的和相互作用的组件众多，这意味着任何干预都可能产生大大超出预期目标的后果。[4] 在案例研究中，我们看到了不少例子。19 世纪初，当时的新型"冲水马桶"帮助伦敦实现了清除屋内及附近小巷中恶臭的人类粪便这一目的。但是，这些未经处理的粪便被直接排入泰晤士河，无意间毒害了该城的主要饮用水源。创新的 CFCs 通过安全冷藏的实现极大地提高了社会的食品供给能力，但经过一系列异常复杂因此无法预见的关系链传导，它使大气平流层中的臭氧耗竭，将世界置于危险之中。现代技术支撑的渠首工程被引入尼泊尔的灌溉系统后，确实在水资源调控方面发挥了更好的作用。然而，由于该系统处于相关技术人员和非本地的管理者控制之下，导致当地农民失去了社群内部相互合作的动力，这反而导致系统的整体生产力下降。从今天的各种头条新闻里可以看到许多其他案例，如政府提供补贴来推进生物燃料而非化石燃料的使用，结果却对食品价格产生了意外影响。

社会－环境系统的复杂性意味着，人们为了追寻可持续性而引入新政策或新技术，其所有后果都是无法可靠预测的。科学的进步可以使情况有所改善，但它同时需要科学家抱持谦逊之心。在复杂的社会－环境系统中，对可持续性的追寻必须是一种适应性过程，逐步尝试可能是最佳的干预措施，仔细监测其结果，并在事情的发展偏离、超出计划时进行及时的纠正。

引爆点、状态转换和意外

然而，即便是监控出色的审慎适应性方法也存在局限性。在多雾的草原上行驶，如果开出了车道，那么倒车稍加调整即可，不会影响后续的前行。但若是在多雾的山路上开车，情况则截然不同。

社会－环境系统和所有的复杂系统一样，更像起伏不定的山地而非一马平川的草原，具有非线性和阈限性的特征，超出阈值后原有的关系会发生变化。[5] 日积月累而成的海量文献表明，社会－环境系统可以跨越阈值或**引爆点**。在引爆点处，即便只有一点微小的扰动也足以改变系统的状况和功能,乃至出现状态转换。**状态转换**是由于系统中相互作用和强制力的根本变化而引发的系统动态过程的变化,这种系统变化规模巨大,持续时间长,而且经常是突然发生的。这种转换直至当面发生之前都是不易被发现的,它可以导致系统从一种状况或状态令人惊讶地迅速转变为其他状况或状态,后者的运作机制与前者截然不同。[6] 图 3.1 说明了连接不同状态或领域的临界阈值或引爆点。

图 3.1　临界阈值或引爆点示意图[①]

图中的"状态"被表现为 6 个流域,假设每个流域的水流最终通往不同的海洋"临界阈值"或"引爆点"是分隔盆地的山脊或分水岭。山脊线上的一滴水存在两到三种可能的轨迹和目的地(处于不稳定平衡状态),这取决于它恰巧进入哪个盆地(吸引域)。但只要雨滴仍在分水岭的山脊附近,一个小小的"推力"就可以将其推到分水岭的另一侧,流入邻近的集水渠道系统,从而影响水滴的最终归趋。在典型的景观中,当水滴沿着特定的水道向下移动时,大多数"推力"都无法将其移至越来越高的山脊(更遥远的引爆点)上,于是它就同相邻的山谷分隔开来(用系统论语言表述,它的基本轨迹虽然不能等同于其确切位置,但对很大范围内的扰动来说都是"稳定的")。当然,足够大的扰动,无论是来自强风还是内部意愿特别强烈的水滴自发行为,都可以令水滴抬升到分水岭的高度,"倾翻"到相邻的集水渠道中。同样重要的是,其他力量可以逐步侵蚀或降低分水岭(引爆点)的高程,使水滴更容易流入相邻的流域,也就是转换到新的轨迹(状态)。

在生物物理学的某些分支领域中,状态转换和引爆点是研究热点。例如,卡彭特(S. Carpenter)和他的同事展示了渐进式营养富集如何缓慢地影响湖泊中的生物过程,但在此进程中,湖泊的外观始终没有发生明显的变化。然而到了某一时刻,也许就在一场暴雨将大量磷肥冲入湖泊之后,系统跨越阈值进入全新状态,湖水从清澈透明转变为浑浊且富含藻类的绿色,这种突变对湖泊提供的饮用水水质、游憩休闲及其他生态系统服务都产生了影响。[7]珊瑚礁生态系统中发生的碳－气候相关变化也是一个典型的例子,展示了从硬珊瑚到藻类和软珊瑚的状态转换。这种转换对人类福祉产生了严重的影响,因此已得到广泛的研究并进行了数学建模。许多其他被观测到的引爆点和状态转换现象被认为可能是气候变化的结果。如南极西部冰盖的崩塌等事件可能会对全球社会－环境系统和代际社会福利产生严重影响。[8]

引爆点和跨越引爆点后潜在的状态转换也是理解系统的社会面的关键。例如,它们对理解所谓的贫困陷阱(陷阱是如何发挥作用的,以及应如何克服这些陷阱)至关重要。处在贫困陷阱中的社会－环境系统,随着时间的推移,贫困现象持续存在,"困住"了人们及其后代,使他们陷入看似无穷无尽的贫困状态(想象一下,图 3.1 中的山顶有一个火山口,"陷阱"就像水滴卡在火山口里,无法翻越四壁,因此也不能利用各个下降的山谷所代表的多种发展路径)。尽管已经采取了各种政治和经济干预措施,长期贫困地区始终存在于发达国家(如美国的阿巴拉契亚农村地区)和全球范围(如撒哈拉以南的非洲地区的众多国家）内。许多行动都聚焦于寻找有效的方法帮助人们跨越持续贫困的引爆点，从而使他们得以进入更具活力的福利提升轨道。越来越多的证据表明，人们必须跨越"资产的临界门槛"（critical asset thresholds）才能摆脱贫困。[9] 尽管这些门槛的具体阈值构成因地区而异，但这意味着人们需要在资产（人力、知识、社会、制造、自然）的特定组合帮助下才能通过自身的艰苦奋斗获得成功。重要的是，在当今最严重的贫困陷阱中，自然资本退化形成的"自然赤字"对持续贫困状态起着核心作用。这一事实强调了基于资产的综合观点（如我们在此提出的观点）对可持续发展行动的重要意义。

社会 – 环境系统的脆弱性和恢复力

社会 – 环境系统暴露于众多不同类型的扰动或外部力量（胁迫、干扰或有意干预）之下，最终可能导致其改变功能或运作方式，直至状态转换。温度、降水和暴风雨（频度、强度）的变化，土地退化和土壤质量的变化，动植物和微生物的物种数量与类型变化，影响经济或金融机会的政策，新技术及众多其他因素都会影响社会 – 环境系统的运作，对可持续性产生正面或负面的影响。最终，扰动与我们前面讨论的复杂系统动态特性产生相互作用：反馈、隐形性、引爆点和状态转换。对整个社会 – 环境系统，以及人类为追寻可持续性而对系统资产进行的管理尝试，以下是几种可能产生的结果。

- 系统吸收了扰动并作出一些调整，但基本上表现得和过去一样（我们的案例研究表明，伦敦在其大部分历史时期中都是这样的）。

- 如果可能的话，系统将会自行拆解为各个组件，并以极其缓慢的速度重新组合其核心能力（17 世纪 60 年代末，伦敦遭受了重大疫情加火灾的双重打击，在其后的一个世纪里几乎没有出现增长，当时的时代特征是"重建的可能性越来越渺茫，每个人都移居到其他地方去了，没有人鼓励交易"）。

● 系统可以转危为机,把冲击转化成以全新方式运作的契机,进
而实现前所未有的高度繁荣(伦敦通过金融、治理和基础设施
方面的创新来应对 19 世纪中期的大恶臭和霍乱疫情,助力城
市实现人口翻番,并在该世纪末成为世界上最伟大的城市)。

是什么决定了社会－环境系统应对冲击和意外事件的能力?虽然这个
问题的答案尚不清楚,但相关议题是可持续性科学中非常活跃的领域,侧重
于脆弱性、恢复力(韧性)和适应性管理等内容。**恢复力**是社会－环境系统
在面对压力、冲击或意外事件时继续履行当前职能,甚至从这些干扰中获益
的能力,具有较强恢复力的系统便是一种韧性系统。**脆弱性**可以定义为遭
受伤害的可能性。在可持续发展的背景下,脆弱性是种特别有用的透镜,我
们可以通过它来评鉴特定的社会－环境系统及其组成部分——人、基础设
施、生态系统、资源、经济和治理系统等,这些在胁迫、干扰和意外事件发生
时最有可能受损。即使系统整体应对良好,脆弱性这一透视视角也有助于
我们洞察何人、何物或何事被遗漏、忽视了,为了使包容性福利措施不出现
退化,这些便是我们需要特别关注之处。

一个系统或其组分的脆弱性取决于其对胁迫的耐受程度,但同等重要
的还有资本资产的获取途径:谁能(及谁不能)利用哪些资产来应对?例
如,在雅基河谷案例中,即使在长期干旱时,农业社区也设法种植了某些作
物,因为它们可以利用地表的大型水库及地下水资源,能帮助人们部分渡过
难关,同时政府也提供支持填补了财政缺口。其他社会－环境系统缺乏地
下水资源形式的自然资本或农业支持政策形式的社会资本,与这些系统相
比,雅基河谷的农业社区系统面对气候相关胁迫时就没有那么脆弱。体制
内的机构和网络、教育、保险和(或)更有效利用水资源的新知识与新技术
的获取机会也可降低脆弱性。在更普遍的意义上说,当面临洪水等严重
灾害和气候变化等长期灾害时,在很大程度上造成穷人、儿童和老年人变得
更加脆弱的,正是这种资产获取机会的缺乏。

什么能使社会－环境系统具备韧性？虽然没有明确的特征组合，但在该领域众多科学家丰富经验的支持下，一张简明特征表还是可以列出的。[10] 通常讨论的特征包括多样性、冗余性和连通性，这些都涉及系统的社会和环境组分。在环境方面，多样性一般指涵盖物种和基因多样性、生态系统多样性和景观多样性三个层次的生物多样性，但还可以包括可用资源（如地下水和地表水）的多样性。在社会方面，多样性包括文化群体、谋生策略、管理安排、创新中心和其他形式的（例如，建筑和卫生规范或扶贫措施）机制多样性。一些要素的冗余或复制对于系统的恢复能力也很重要，因为这可以在一旦发生其他要素的缺失时提供某种保障。

关于多样性在社会－环境系统中的重要性，例子比比皆是。例如，农林复合系统在许多地方都很受重视，因为该系统可以提供随时间推移进行非连续收获的一系列作物和树种，因此特定的害虫、干旱或其他胁迫都不足以导致粮食生产系统的整体崩溃。同样，组织类型多样性如政府、非政府组织、社区组织和私人组织的配合，为经济、社会或环境胁迫下的社会－环境系统提供了某种可替换的支持。

连通性表示资源、物种、决策者和社会－环境系统的其他组分在生态或社会图景中的配置和互动方式。连接不同栖息地斑块的野生动物廊道就是连通性的一个例子，再如连接人群和社区的通信网络与预警系统。在保护生物学界有相当多的证据表明，连通性（如连接珊瑚礁或森林的残余斑块的廊道）对从干扰中的恢复及保持种群的生存能力和遗传多样性而言必不可少。同样，为了制订应对社会和技术挑战的解决方案，改善并增进信息和新思想分享的方法已被证明是至关重要的。

与大多数事情一样，当系统具有的多样性、冗余性和连通性变得过多时，最终结果同样可能与预期恰恰相反。当然，达到什么程度才算过多，这取决于特定的系统，需要背景研究和经验才能解答。但就我们的目的而言，只要能认识到在追寻可持续性方面这些结构特性十分重要因此值得关注，足矣。

鉴于社会－环境系统是如此复杂，脆弱性和引爆点比比皆是，我们在第 2 章讨论的知识资本至关重要。因为我们可靠知识的最佳来源并非只有科学，还包括在真实世界中对可持续性进行管理的尝试所获得的经验，所以我们需要把学习能力视为最重要的社会资产之一。出于实践目的，**学习**可以被视为全新的或修正后的现存知识、技能和行为的获取过程。[11] 学习对韧性系统的构建至关重要。同样，为了保持或提高社会－环境系统的抗干扰能力，对其进行的有效管理需要不断修正并更新知识。实验和监测是学习发生方式的例子；同等重要的是研究者和决策者之间生产并分享知识的方式。第 5 章将专门讨论这一主题。

评估复杂系统

鉴于上述在复杂的社会－环境系统中所有复杂难题的存在，我们应如何更好地理解并评估其动态过程？能否对这些联系、互动和反馈进行充分的规划，防止由于社会或自然干预产生的计划外负面后果或令人不快的意外事件？不幸的是，在当前和可预见的未来，这个答案都是否定的。可持续性科学仍是个年轻的领域，对社会－环境系统远未达成全面而彻底的整合性理解，也欠缺对其进行定量评估的工具。尽管如此，我们认为，在本书采用的可持续性框架内，哪怕仅展示目前关于此类系统的有限知识，也足以改变决策者的思维模式，并最终改变他们管理可持续性的方式。此外，随着该领域的不断发展，我们会学到更多知识。在特定背景下对特定社会－环境系统的动态和功能尝试估算和预测，并在采取干预措施后进行测试、学习和修正的循环，这些行动正在拓展我们的知识。因此，重要的是了解什么样的模型、工具和方法可以帮助决策者评估他们的选择，然后进行监测、评估并从中学习。

分析社会－环境系统的方法有很多种，它们还能分析系统内部在不同情景下发生的结果和权衡关系。虽然这些方法很少涵盖整个社会－环境系统,但它们至少可以在整体背景下阐明系统的某个部分。虽然本章的写作目的并不包括提供这些工具和方法的相关深度背景,但我们希望读者能有足够的兴趣在进一步的研究中对此进行探寻。[12]

分析模型

许多领域都会用到系统动力学建模方法以实现概念化,然后对系统中相互作用的理解会被固定为正式形式。分析人员也许会从一个简单的故事或图画开始定性描述系统、系统中最重要的元素或组件及它们之间的通量。一旦勾画出了这样的草图,分析师就可以测试他们对系统的理解,验证关于系统如何运作及系统组件如何随决策或干预的改变而变化的假说。

力图将社会和环境动态整合进来的数学模型正日益成为这类分析的一部分。例如,基于智能体的模型(agent-based models)在数学上代表由仿真"智能体"的个体组合而成的群体在社会 - 环境系统中使用资源或分配资产时做出的集体决策。结合关于本地自然资本(如土地或基础资源)和其他资产的明确空间信息,这些模型可用来实现对系统的更好理解,诸如系统是如何运作的,以及作为管理决策或政策的结果,系统会如何随时间变化。

从区域到全球尺度,整合评估(integrated assessment)是一种有效的建模方法,如预测气候变化及其在各种未来假设下的影响。在不同的假设情景中,这些模型利用不同的能源消耗、人口动态、技术和发展轨迹来预测未来的温室气体排放,并以由此产生的大气中温室气体的浓度数据来驱动气候模型,最终与社会和环境影响模型关联。这些关联模型可以根据人类福祉及其所依赖的作为生产基础的资产情况,探索不同情景下各种能源政策产生的影响。重要的是,这些模型正朝着增加模型子构件(subcomponents)的整合度,同时提高对耦合系统评估能力的方向发展。

各种生态系统服务模型已得到使用或正处于开发过程中,它们可以帮助决策者了解自然资本资产的管理如何影响使用这些资产生产的产品和服务。这些模型包括复杂的模拟方法和结构化调查方法。它们都旨在评估不同选择对产出的生态系统服务价值的影响。它们是决策支持工具,为决策者提供不同情景下权衡关系和协同效应(及其带来的共同利益)的信息(如关于如何使用并管理给定地点中土地或水的不同选择)。此类分析的结果不会直接明示决策者该做什么,但会提供信息以便他们在更广泛价值观和关注点的背景下作出选择(生态系统服务模型引导决策改变的案例见专栏 3.1)。

专栏 3.1　为决策提供帮助的生态系统服务评估

作为夏威夷最大的私有土地业权人,卡梅哈梅哈(Kamehameha)学校在 2007 年邀请自然资本项目(the Natural Capital Project)在其未使用的农业土地上对生态系统服务进行绘图和估值,为针对该片土地未来的决策提供帮助。自然资本项目(www.naturalcapitalproject.org)、斯坦福大学、明尼苏达大学、大自然保护协会(TNC)和世界自然基金会(WWF)组成联合体,与卡梅哈梅哈学校和周边社区进行了为期两年的合作。通过与核心利益相关者(key stakeholders)的紧密合作,自然资本项目的科学家逐步了解了这片土地所处的社会 - 环境系统。[13] 项目团队在 3 种不同发展情景(甘蔗单作、多样化农林业和住宅开发)下创建了关于碳储存、水质、收入、生物多样性和其他生态系统服务的空间模型(使用他们开发的建模软件 InVEST)。然后这些模型共享给卡梅哈梅哈学校和受影响的社区,以便他们可以探讨针对潜在的权衡关系应如何取舍。

模型的运行结果显示，住宅开发情景将在较近的未来产生最高的土地收入，但碳储存和水质将受到影响。甘蔗单作情景实际上显示出最差的碳储存评级（因为种植甘蔗前必须先完成森林砍伐），也对水质产生了影响。多样化农林业情景对碳储存和水质产生了积极影响，但提供的即时收入最低（图 3.2）。最终，卡梅哈梅哈学校选择了多样化农林业选项，因为这与他们平衡环境、经济、文化和社区价值的使命最为契合。除了决策本身，该项目的真正优势在于将关键的权衡关系"开门见山"地公示，让土地业权人和利益相关者都能看清并参与这些权衡取舍的相关讨论。卡梅哈梅哈学校荣获了美国规划协会颁发的 2011 年全国优秀规划奖，以表彰其在可持续发展方面的创新，自然资本项目的工作是其中的一个重要部分。

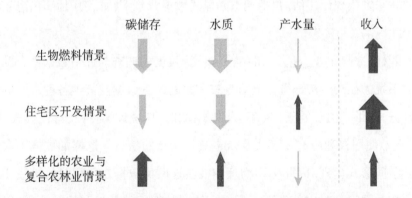

图 3.2 使用 InVEST 生态系统服务模型得到的 3 种未来土地使用情景下夏威夷瓦胡岛的生态系统服务预期变化，箭头的大小表示成本或收益的相对大小[2]

同样的，多标准分析（MCA）从卫星或地面数据库中构建基于不同土地特征的空间数据集，并在地图上将这些数据层重叠起来，以便决策者能够根据其目标和价值标准确定土地利用选项，实现收益最大化或成本最小化。例如，公司或市政府选择太阳能电池阵列或风力涡轮机的部署地点时，要考虑在生物多样性、自然保护或文化价值形成的限制下具有最大资源价值（太阳能或风能）、适当的土地所有权和良好的电网接入条件，因此可能会用MCA来确定具体位置。

社会–环境系统所有组分的长时段显式空间数据（long-term spatially explicit data）对概念模型和数学模型的构建、关系的实证测试及实时跟踪变化的发生都是至关重要的。通过地面、航空和卫星遥感技术获取的数据，极大地改善了对系统的生物物理部分（包括土地利用、土壤和水的量与质、基础设施模式、生态系统状况及众多其他变量）在区域和全球尺度上所发生变化的测量和理解。来自地面观测和实验的数据可以通过与这些遥感数据关联来进行统计评估，包括在空间显式数据背景下［如使用地理信息系统（GIS）］。

同样，来自企业、地方、州（省）和国家尺度的调查与评估数据都有助于理解系统的社会经济部分。人口普查和家庭调查数据及其他各种来源的汇总数据，提供了关于健康、教育、人口规模和人口统计学特征、移民模式、收入、土地使用权和所有权模式及众多其他变量的信息。这样的数据不太容易以空间形式呈现，因此生物物理和社会这两类数据在关联时的挑战往往集中在数据库的时空特征不匹配上。这些数据库的开发和相互关联，以及在数据的解读过程中模型和新型"大数据"分析的使用，终将提高对可持续发展趋势的评估和跟踪能力。

生命周期评价（LCA）试图量化在替代性生产过程中资本资产存量受到的系统影响。LCA的特殊贡献在于系统地描绘了这些过程"从摇篮到坟墓"的含义。也就是说，LCA试图计算：①生产过程中消耗了多少原材料及其他资本资产投入；②这个过程产出了多少产品和损害资本资产基础的"恶性副产品"*，如污染和废弃物；③以这种方式生产出来的产品在使用寿命结束时的可复原程度（复原意味着资本资产基础的回升补强）。[14]

LCA 首先设置特定分析的目标和范围，其后的评价过程通常包括 3 个核心阶段：①构建详尽的目录，包括对基本的能源、原材料和排放物的数量测算；②影响评估，也就是将目录信息转化为其所代表的环境或社会危害可能（如砍伐森林用作建筑材料可能导致生境丧失和土壤侵蚀）；③对结果进行解释和分析，提出改进制造流程或改变公共政策的建议。[15]

通过在不同的产品或生产流程之间进行权衡取舍，LCA 使人们可以做出更明智的选择，尽管它未必能令决策变得更简单。例如，塑料袋在环境中的寿命比纸长得多，并且会危及海洋生物，但生产塑料袋所需的能量和水比生产纸要少得多。关于最应关注哪些影响的抉择，可能需要公众讨论和价值评估，而通过向相关社会资本的适当投资，上述过程可以得到加强。

核算和指标体系

社区、企业、政府和非政府组织如何预测并跟踪它们对社会福利的管理是否成功？在过去的几十年间，大量尝试集中在针对系统各组分开发核算体系和适当且可靠的指标体系上。这样的核算和指标体系可以利用国内生产总值（GDP）或国民总收入（GNI）来估算环境损害、自然资源的价值或国家财富与福利。从可持续性角度来看，这些度量手段及相关测算方法往往存在至少两个弱点。第一，它们测度的是流量（目前正在发生的过程量），而非对可持续性而言至关重要的存量或资产（决定未来还留存什么及留存多少可供利用的状态量），类似于飞越大洋时只监测飞行航速，却忽略了燃油表的读数。第二，关于人类福祉，它们只有对经济决定因素的认知，却未能意识到社会和环境因素的决定性，因此也无法将后者整合进体系。

---

* "恶性副产品"英文为 bads，与正常产品（goods）形成双关的对立。

作为被广泛使用的度量标准,GDP 和 GNI 在充当可持续性指标时还存在其他局限性。一般来说,它们涉及的认知与解释并未将外部性、非市场资产、财富分配议题及未来的成本和收益包括在内。例如,当某国的空气污染物跨越国界对他国造成损害时,或者当上游农业社区的资源利用影响到下游渔业社区时,这两个指标可能无助于解释跨界影响。重要的是,这类指标是针对当前情况的度量而不涉及该情况的可持续性,因此它们还将当前人类活动对后代福利的负面影响(如自然资本和其他资本资产的退化)排除在外。

无论如何,核算体系和指标体系已日益融为一体,尽管该领域还远未成熟,但仍在不断取得进展。在对能够代表集合中多样性跨度的指标子集进行彻底审查的一项综述工作中,作者评估了大型指标集的构建动机与目标及其操作的度量标准与尺度。[16] 该文(及类似的其他综述)得出的结论是,尽管从地方到全球尺度上被政府、公司和其他组织广泛使用的指标有不少,但它们之间几乎毫无一致性:它们被用于截然不同的目的,采用不同的术语、数据和测量方法。此外,并没有足够多的证据可以表明它们随着时间的推移已在对可持续发展目标进展的追踪过程中发挥了有效作用。与此同时,在我们的可持续发展框架中,决策者仍在寻求了解所有资本资产运行状态的方法。

近年来,一系列新型社会/经济进步指标被开发出来,为包容性福利轨迹的度量事业指明了前景。例如,耶鲁大学的学者团队开发了一个框架,将外部性(此处指工业污染物的排放及其对自然、人类和制造资本造成的损害)纳入国民经济核算。[17] 他们构建了一个名为"外部损害总值"(GED)的指标以显示不同行业的排放所造成的损害程度,并将该指标与这些行业市场价值的"增加值"(VA)进行比较。分析表明(我们在专栏 3.2 中对此进行了详细讨论,数据见表 3.1),对于 GED/VA 这一比值大于 1 的行业(如固体垃圾焚烧、煤电和石油发电等火电),社会为其生产的产品和服务支付的价格太低（赋值过低）。合理的政策或应降低损害（如在发电过程中采用其他的燃料或技术），或应使市场价格上涨（如通过税收来反映社会损害并抑制消费），抑或两者兼而有之。

专栏 3.2　将外部性整合入内的框架

在将外部性纳入国家经济账户框架的过程中，耶鲁大学的研究人员开发了 GED 指标，以显示这些行业排放的空气污染物所造成的危害程度，将 GED 与各行业的 VA 相比，也就是人们作为消费者对该行业生产产品的应付数额与当下实付数额相比较的支付比例。上述分析得到精细的科学支持，能够鉴别全国各地工业排放的每种空气污染物，然后使用最先进的环境化学和交通模型在全国范围内分配与转化这些排放数据，最终通过比较全国各位点的污染物沉降量与"剂量－反应"曲线所显示的污染物浓度与其造成的影响之间的关系，对损害程度进行估算。然后，他们将所得数值累加，在全国范围内计算所有工业的空气污染总和。最后，他们构建了比值形式的指标——GED/VA（见表 3.1。尽管在原始文献中进行过讨论，但温室气体排放和由此导致的气候变化造成的社会损害并未体现在表 3.1 中。该表也不包括空气污染之外类型的污染损害，如与同一行业的水污染相关的损害。因此，表中报告的 GED/VA 比值较真实情况肯定是被低估的）。

这又能说明什么呢？对 GED/VA 大于 1 的行业来说，直截了当的结论是："既然你已经掉进坑里了，那就别再把坑挖深了。"也

表 3.1　2000 年美国的工业表现：空气污染对社会造成的外部损害总值
　　　　（以美元计价）及其与增加值的比值（GED/VA）[③]

行业	GED/VA	GED（单位：亿美元）
固体垃圾燃烧和焚烧	6.72	49
石油发电	5.13	18
污水处理设施	4.69	21
燃煤发电	2.20	534
板岩开采和露天采石	1.89	5
码头	1.51	22
其他石油和煤炭产品制造	1.35	7
空调和蒸汽供暖	1.02	3
水运	1.00	77
甘蔗加工厂	0.70	3
炭黑制造	0.70	4
畜牧业生产	0.56	148
高速公路、街道和桥梁施工	0.37	130
农作物生产	0.34	153
食品服务承包商	0.34	42
炼油厂	0.18	49
卡车运输	0.10	92

就是说，这些行业（如煤电）每增加一份产量，社会的状况就会比其不生产时变得更糟一分。在表 3.1 的 GED/VA 排名中，这类行业名列前茅，其中最明显的是基于煤炭或石油等化石燃料的废弃物处理和电力生产行业（GED 那列显示，到目前为止最大的损害因素是燃

煤发电过量)。理智的人(或社会)应该停止(或至少减少)伤害自身的行为。更准确地说,这项严谨的研究表明,对 GED/VA 比值大于 1 的行业,考虑到其每增加一个生产单位的产量所造成的损害,社会为其生产的产品和服务支付的价格太低(且赋予的价值过低)。对于合理的政策而言,要么需要降低损害(如在发电过程中采用不同的燃料或技术),要么需要使市场价格上涨(如通过税收来反映社会损害),抑或两者兼而有之。无论是哪种情况,更高(甚至高得多)的市场价格(来自需要应用的技术或排放税)都会导致更低(甚至低得多)的排放量和 GED。当达到某种新的平衡点时,价格足够高,技术足够清洁,需求量就会降到足够低的程度,这样社会就不会再反常地继续死抱着这些产业"物尽其用",结果破坏自身的福利了。然而,要完成这样的转变,就必须做到:①政策制定者认识到"自由市场"通常会产生耶鲁团队精心记录的那种外部性;②科学研究使这些外部性现形,对生产者和消费者变得清晰可见,这一点是至关重要的;③将可见性转化为真正的纠偏行动,这需要在治理结构上能够保护社会(的其他部分)免受那些包容性福利破坏者的伤害。🌱

在国民核算的范围内,包容性财富项目(the Inclusive Wealth Project)尤其具有吸引力且前途无量。该项目是联合国发起的一次国际行动,旨在对世界银行制定的初始方法进行拓展以衡量各国的资本资产基础随时间的变化。[18] 该项目特别设计了包容性财富指数(IWI),旨在展示对社会中各类资本资产的社会价值进行聚合的整体度量会如何随时间变化。

IWI 背后的理论（就像本书提出的可持续性框架背后的理论一样）认为，只要社会的人均包容性财富不减，那么人均包容性福利也不会变少，由此便可初步判定这样的社会发展是"可持续的"。该项目发布的《2014 年包容性财富报告：测量通向可持续性的进步》（*Inclusive Wealth Report 2014: Measuring Progress toward Sustainability*）收集了 1990—2010 年 140 个国家的自然、人力和制造资本资产数据[19]（尽管在目前这个阶段方法还远未完成，但该项目正在进行的工作已经尝试纳入资产原本包含的其他维度，并处理社会资本和知识资本的变化）。2014 年报告中公布的一些结果如图 3.3 所示。这些结果表明，整个世界的发展轨迹（勉强）使人均包容性财富增加，因此（勉强）可以说是可持续的。毫不奇怪，IWI 关于个别地区和国家发展轨迹的数据表明，某些地区和国家（如西欧）的发展道路是舒适且可持续的，而其他地区和国家（如东非）则走上了——如果现状继续下去的话——将使其子孙后代陷入贫困的道路。没有那么明显的是，IWI 还强调了每个国家哪些资本资产所处的趋势对可持续发展的支持度高，哪些则处于削弱、破坏可持续发展的趋势。当然，IWI 是不完整的。它能够明确跟踪的是"有形"（tangible）资本资产（自然、人力和制造资产，或者说项目报告中所称的"生产性"资产），同时对难以衡量的"无形"（intangible）资产（社会资本和知识资本）只能加以估计。不仅如此，IWI 在最终计算广义有形资产存量的价值时，由于受数据和理论局限性的约束，理应列举的众多要素实际上只纳入了少数几个。因此，虽然项目报告在趋势的呈现上并没有明显的偏向性，但事实上，它对国家的真实财富是严重低估的。尽管如此，对追寻可持续性而言千里之行始于足下，IWI 正在迈出可行的第一步，它相较之前的国民生产总值（gross national product, GNP）或人类发展指数（HDI）等指标实现了长足的进步。为了进一步改善今后的报告更新版本，一个强有力的研究和监测项目正在进行。

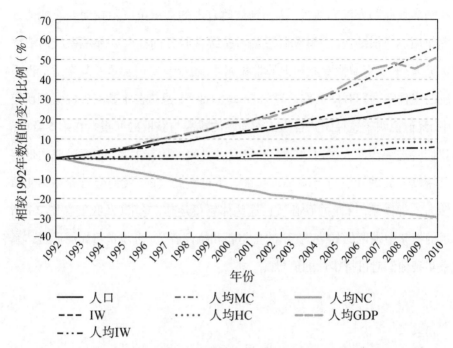

图 3.3　1992—2010 年全球人均包容性财富和其他指标的变化，线条代表不同类型的
　　　　资本：HC，人力资本；MC，制造资本；NC，自然资本；GDP，国内生产总值；
　　　　IW 是包容性财富指数[④]

跨学科研究和解决问题的需求

　　反思本章讨论的内容，我们很容易看出为什么对包容性福利的实现来
说，理解和管理耦合的社会 – 环境系统是一项巨大的挑战。这些复杂系统
的众多组分之间存在大量相互作用，而理解它们的分析框架仍处于早期开
发阶段。为了理解社会 – 环境系统，并在其中追寻可持续性，研究者、决策
者和公民中的关注者都必须用到各种知识和专业诀窍（know–how）。可持
续发展科学是一顶"大帐"，需要众多不同类型的知识与技能专长（expertise）
作为"杆架"来提供支撑（回顾前文表 2.1 列出的学科和专业范围）。

　　然而，如果所有这些不同类型的知识和专长都是独自运作的，那它们离
撑起大帐还差得远。研究者和实践领域的专家需要理解彼此的语言，尊重

并领会彼此的方法和途径，认识到彼此有限的知识可以用在何处及如何发挥作用。归根结底，理解和管理为可持续性服务的社会－环境系统需要团队努力，既要有掌握专业知识的学科人才，也要有专门在这些复杂适应性系统的组件间进行对接工作的界面（interfaces）专家。在雅基河谷的案例研究中，我们说明了这种团队合作工作面临的挑战与获取的回报。在第5章中，我们将进一步深入探讨决策者和研究者之间的伙伴关系，它可以成功地将可持续发展的知识与行动联系起来。不过在此之前，我们会首先在第4章转向治理体系，伙伴关系必须在这些体系中运作，专家（及我们在图2.1所示的框架中强调的其他"变革的参与者和执行者"）必须学习如何通过体系来实现他们对可持续性的追寻。

图表注释

① 图3.1提供者：© St. Johns River Water Management District.

② 图3.2修改自：J. H. Goldstein, G. Caldarone, T. K. Duarte, D. Ennaanay, N. Hannahs, G. Mendoza, S. Polasky, S. Wolny, and G. C. Daily. "Integrating Ecosystem–Service Tradeoffs into Land–Use Decisions." *Proceedings of the National Academy of Sciences of the United States* 109[19]: 7565‒7570. 2012; a part of the Natural Capital Project: www.naturalcapitalproject.org.

③ 表3.1资料来源：N. Z. Muller, R. Mendelsohn, and W. Nordhaus. "Environmental Accounting for Pollution in the United States Economy." *American Economic Review* 101(5): 1649‒1675. 2011.

④ 图3.3出处：UNU–IHDP and UNEP. *Inclusive Wealth Report 2014: Measuring Progress toward Sustainability*. Cambridge, MA: Cambridge University Press. 2014.

第 4 章

社会 - 环境系统的治理

治理的概念包括创建并执行某些规则的决策过程,这类规则规定了在人与人之间及人与社会 - 环境系统的其他部分之间的互动中必须做什么、可以做什么和不可以做什么。[1] 在本书使用的理解并努力实现可持续发展的框架(图 2.1)中,治理过程及其产生的规则是社会资本资产的重要组分,它们可能会涉及非常具体的问题,如可以允许一家公司排放多少污染物?谁有资格领取失业救济金? 违反规定者应受到何种惩罚? 规则还将规定谁有权参与治理决策,谁负责执行规则等。

当我们的框架中社会 "变革的参与者和执行者" 同意创建、实施并遵守规则时,他们就已经参与了治理过程。这些**治理过程**和我们在前几章讨论的其他生产和消费过程一起,决定着社会 – 环境系统的动态。

治理对追寻可持续性而言至关重要,因为其规则或安排是社会资本的核心组分,因此也是包容性财富和包容性福利的决定因素之一。治理过程提供了一种手段,人们通过它可以改变社会 – 环境相互作用的本质(nature),从而使人类活动不会拉低后代赖以生存的整体资产基础。通过 "胡萝卜加大棒" 的组合,治理可以产生规则体系,影响公民、企业、政府和其他组织,为可持续发展目标做出贡献。

然而,有效地治理社会 – 环境系统说起来容易做起来难。追寻可持续性需要更优化的整合、更多的协调和空前规模的合作。本书中讨论的众多问题（如过度捕捞、农村贫困和污染）都是由于对我们共同的社会－环境系统的治理尝试的局限性或治理失败而产生的。治理过程薄弱的社会容易产生使资本资产退化的生产和消费模式，同时只提升了社会中极少数成员的福利。

不单是治理的**缺席**会给可持续发展带来问题，有时治理本身恰恰乃问题所在。创建更符合可持续发展目标的治理安排所面临的挑战之一就是在塑造现有进程方面最具影响力的参与者（如国家、公司、政党，以及某些情况下的特殊利益集团）之间很少存在相同的目标，并且往往在社会－环境系统应有的治理方式上出现意见分歧。其中有些参与者一贯从不可持续的做法中受益匪浅，故而抵制任何改变"一切照旧"现状的努力，只因这种改变可能会危及他们在社会中的特权地位。因此，追寻可持续性的个人和组织面临着一个严峻的挑战：如何重塑由强大的既得利益者参与塑造的现存治理进程和安排，使其更有利于实现包容性社会福利？

通过深入理解治理及其如何促进社会变革，旨在克服上述挑战的应对战略可以获益。简单地嘴上说说"我们需要让事情改变"或"我们需要更多合作"，很难提供多少帮助。消除社会变革的那些基本障碍需要采取更细致入微的策略。本章的目标是对理解与影响社会－环境系统治理的一些相关概念和经验教训进行概述，最后以如何更好理解治理的相关讨论来收尾，以及这样的理解会如何以帮助将公民和科学家关注者组织起来的方式，为追寻可持续发展做出贡献。

分析治理的概念和框架

若干核心概念构成了我们理解何谓治理（及治理对可持续性的重要性）的概念基础。我们将在本节讨论这些概念，并提出一个概念框架，用于诊断治理问题并探索解决这些问题的可能选项。

治理的核心概念

有 3 个概念有助于更好地理解治理以及治理是如何影响可持续发展的实践尝试的：①集体行动和集体行动难题（collective-action problems）；②外部性；③公池资源（common-pool resources, CPR）*和"公地悲剧"（tragedy of the commons）。

两人以上合作完成单人无法实现的目标时，就出现了**集体行动**。例如，在尼泊尔案例中描述的农民群体参与集体行动，决定一起建设并维护自己的灌溉系统。关注臭氧损耗问题的公民团体采取集体行动，敦促政府领导继续推进《蒙特利尔议定书》的谈判。学生可以集体行动组织运动向大学施压，要求对净排放采用"零碳"目标。社会正常运转仰赖的众特征或"产品"（如法律和秩序、公共安全、经济增长和环境保护）都需要在很大范围内采取协调一致的集体行动。鉴于这些"产品"不会自发演进，所以有必要开发结构化流程以商定和实施规则，引导个人行为，促进对整个社会有益的结果。我们把这一决策过程称为治理。治理是社会资本的重要组分，因为它可以产生解决集体行动难题所需的规则。

当一群个体无法实现共同目标时，就会出现**集体行动难题**。人们可能出于许多原因而无法互相合作。他们可能缺乏合作的动力，或者缺乏实现目标所需的信息，抑或在应该由谁来控制决策过程这一点上陷入权力斗争。在社会变革的所有尝试中，集体行动难题都是司空见惯的。例如，被动员起来的部分学生试图说服大学的领导层对气候变化采取行动，他们还努力让其他学生也参与进来，但后者可能对加入这一集体行动缺乏动机。在这个特定情况下，集体行动难题可能来自几种原因：其他学生可能不相信抗议

---

* CPR 在中文文献中多译为"公共池塘资源"。考虑 pool 在此概念中的含义，对照全球变化科学中 carbon pool 译为碳库，生命科学中 gene pool 译为基因库，地学中 gas pool 译为气藏，经济学中 bonus pool 译为奖金池等译法，"池塘"似乎过于具象化，本书将其缩略为"公池资源"。

活动会产生实际影响,或者自己还有更重要的其他活动,又或者他们并不认为气候变化是由人类活动引起的,还有可能他们虽然认同气候抗议是项更伟大的事业,但又(因为觉得自己过于普通渺小)希望由其他人来抗议。学生中的组织者需要想办法解决这类集体行动难题,否则他们的努力难免付之东流。

有时,集体行动的失败会导致个人行动,而后者又会对并未直接参与决策者产生重大的影响。当这种个人行动的后果造成损害时,它们被称为**负外部性**(negative externalities),因为决策会对决策环境之外的第三方产生不利影响。正如我们在第 3 章所讨论的,这是复杂的社会 – 环境系统中"隐形性"的常见形式之一。污染是负外部性的典型例子。例如,由于污染者(如不受监管情况下的企业)拒绝承担其行为的全部成本,因此,若将损害成本考虑在内,其污染程度可能比现实中的表面情况更严重。

当受影响的一方在政治上没有得到良好的组织,或者很少有机会能影响治理过程来实现纠正时,负外部性就变得尤其难以解决。不过,在对一些易受负外部性影响的资源使用的治理方面,已经取得了实质性进展。回顾我们的案例研究,国际公约有效地解决了 CFCs 的生产和消费对平流层内臭氧层造成的损害。针对伦敦大恶臭的强有力治理措施,成功地清除了泰晤士河在流经城市时汇入的过多粪便。这些例子是社会 – 环境系统治理取得实际进展的历史记录,尽管现状仍然任重道远。

正外部性(positive externalities)同样存在,其中与可持续发展相关度最高的形式可能当数技术创新。发明家经常看到自己的工作成果被并未承担研究和实验成本及风险的其他人采用。尽管这种相对无成本的广泛使用是可以确保所有人(尤其是穷人)都能享受特定创新成果的有效方式,但它也会削弱未来发明的利润动机。管理这种正外部性同样需要创造性的治理过程来促进集体行动(既要确保发明家创造社会所需的创新时能够继续拥有足够的经济激励,也要确保他们的劳动成果能以每个人都负担得起的条件被广泛获取）。对这类挑战较早的回应之一是国际农业研究中心的系统,该中心将其发明的改良种子免费赠送,从而引发了绿色革命。该中心之所以能这样做,部分原因是其工作人员都属于抱持理想主义的研究者,并且中心最开始由热心公益的私人基金会资助,后来又得到了政府的资助（具体资助机制是通过联合国系统和世界银行运作的）。

更晚近的案例是通过富国政府和营利性制药公司的投资,最终创造出了有效的艾滋病病毒/艾滋病(HIV/AIDS)药物疗法。然而,制药公司寻求收回研究成本,因此申请了药物专利,收取的价格是穷国患者无法负担的——这是一种典型的正外部性困境(positive-externality dilemma)。对未来的研究提供激励是很有必要的,而向患者提供基本药物也是职责义务,这两者之间的紧张对立带来了治理困难。不过,这一困境最终还是得到了解决,解决方式是一种不成文的政治协议:富国将继续支付高价购买艾滋病药物,作为一种奖励回报对研发的投资;而发展中国家将作为专利规则的例外情形,可以按接近生产成本的价格购买仿制药(generic drugs)。[2]这种不成文协议是在政治冲突之后逐渐产生的,冲突的一方是国际性的公民社会网络和发展中国家的政府,另一方则是制药产业界。在追寻可持续性的过程中需要更多的此类创造性治理安排,而这些安排几乎总是涉及活动家、企业家、科学家和律师之间的集体行动。

《公地悲剧》(*The Tragedy of the Commons*)是哈丁(G. Hardin)在 1968年发表的经典论文,文中描述了一种著名的社会 - 环境系统相关集体行动难题。哈丁认为,共享资源的人处于集体行动困境中时可能会导致资源竞争失控,直至资源最终崩溃。[3]他在论文中使用的类比,是两个农夫共用一片草地放牧各自的牛群。每个农夫都认为在共享的草地上增加牲畜数量总是符合自身利益的。尽管农夫也知道,如果他们将放牧牲畜的数量稳定地保持在某个限度以下,从长远来看各自都会过得更好,但他们无法达成这样的协议,最终导致放牧系统退化,结果对双方都不利。

哈丁描述的是一类特定的集体行动难题,这种难题有时会发生在多人共享同一种公池资源的情况下。我们的众多自然资源如清洁的空气、森林和地下水都可被视为公池资源。管理公池资源特别有挑战性,因为它们作为资源是有限的,却又很容易被任何人使用,这一点难以阻止。由于公池资源具有这些属性,需要一套得到资源用户认可的规则系统来控制共享资源的准入并管理其使用。从这种意义上来说,治理可以被视为针对威胁共享资源状况的行为这一问题的解决策略。如果无法建立并执行这种安排,公池资源就始终面临着被过度使用的风险,而公地悲剧就更有可能会发生。

简言之,治理在社会 – 环境系统中的意义在于它可以通过产生规则系统来引导参与者个体(个人、公司、国家),从而使其行为与整个社会的长期目标一致,帮助克服社会中的集体行动难题。

拆解治理：概念框架

概念框架和模型能够帮助分析师更加系统地思考复杂问题。在第2章我们讨论了一个用来思考可持续发展目标的泛用框架,并通过社会 – 环境系统的动态将其与作为基本决定因素的资本资产联系起来。该框架确定治理是社会资本资产的重要组分。虽然第2章中的框架是综合性的,但其中"嵌套"的更详细框架有助于评估对改变现有不可持续行为的治理能力产生影响的具体因素和特征。我们在图4.1中展示了这样的框架,希望它能帮助读者理解治理对可持续发展的重要性,并在具体情况下诊断与治理相关的潜在缺陷。

我们的治理框架由6个主要部分组成。从图4.1的左侧开始,第一个组成部分是参与者和行动力(与图2.1可持续性框架中更一般化的最左侧框相比较)。这些是参与决策过程或受决策影响的人、团体、组织或国家。参与者可以大到国家或跨国组织,也可以小到家庭或个人。它们的特征包括价值观、信仰、权力、议程、兴趣、能力和动机。这部分的分析目标之一是评估不同参与者的行动力,即个体参与者独立行动和自主决策的能力。行动力

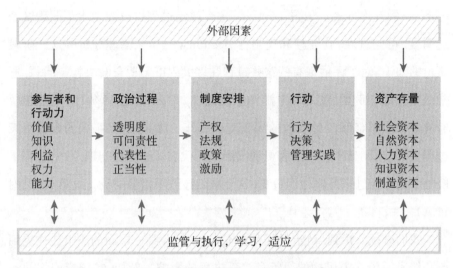

图 4.1　社会 – 环境系统的治理框架①

是一个难以直接衡量的抽象概念, 但可以通过比较获得政治权力、财务资源和信息的机会, 描述一个参与者相对于其他参与者的行动力高低。总之, 治理分析的这个阶段旨在确定主要参与者、他们的利益和主要特征, 以及这些因素如何影响其行动力。

在雅基河谷的案例中, 研究人员最终识别出了与农业实践决策相关的参与者(参见附录 A 图 A.8)。在这样做的过程中, 他们发现了一个事实: 正是河谷中的非个体农民参与者(农业信用合作社)的贷款政策阻止了农民采用更具可持续性的施肥技术。一旦确认了该参与者对河谷当地农业实践的重要影响, 就能有针对性地去尝试了解信用合作社的担忧, 让他们参与创造并测试新技术, 这一过程可促使他们改变政策。

识别参与者和他们的互作方式并评估政治过程的主要特性, 有助于理解现有可持续性问题的根源, 确定潜在的变革杠杆。识别参与者——特定背景下的重要主体——的另一个好处是可以帮助找到潜在的合作盟友, 从而在决策过程中变得更有效力, 最终更有可能产生变革。

治理框架的下一步是确定参与者通过集体决策的**政治过程**(political

process）的互作方式。如图 4.1 所示，这个政治过程可以表现出不同程度的透明度、可问责性、代表性和正当性（legitimacy）。从治理分析的这一阶段获得的知识，对于评估现有的这些过程在多大程度上适合解决特定问题，通常是重要的。例如，就尼泊尔灌溉系统而言，在 20 世纪 60 年代，尼泊尔政府决定投资扩建和改善该国的灌溉基础设施。然而，许多系统的设计决策过程主要涉及工程师、政府官员和国际捐助代表。至少在初期，政治过程未能使农民参与进来并对他们负责，这个缺陷导致了糟糕的设计决策（详见附录 A）。

我们必须认识到，政治过程存在于多个层面，某一层面的决策往往受到更高级别政治权力机构的决策和治理过程的影响。例如，在国家层面的治理过程制定的规则可能会受到国际条约谈判的影响，臭氧协定就是如此。治理（及大多数其他社会－环境系统过程）通常是种嵌套结构。

政治过程的重要成果之一是**制度安排**（institutional arrangements），这是治理框架的下一阶段。制度安排或规则可以是正式的，也可以是非正式的。规则的例子包括政策、法规、地方规范及习俗、合同和产权安排。规则不仅规定了使用和管理资源的权利和责任，而且规定了以监管并强制执行规则为职责的执行者。

这可能是治理分析中最重要的部分，因为人类应对问题的解决效果在很大程度上取决于引入规则的具体特征和强制执行规则的方式（如果存在强制力的话）。例如，在哈丁的《公地悲剧》中，关于允许在草地上增加的牲畜数量，农民没有受到任何法规或政策约束。在这种情况下，土地或资源的有效产权显然无法得到强制执行。结果就导致农民追求狭隘的短期私利，直到社会－环境系统崩溃。

引入新制度安排的意图之一是影响对人们的**激励**（incentives）。在治理分析中，个人会将"激励"这个术语理解为与自身和他人行为相关的预期奖惩。[4] 规则规定了何时、如何及对何人采取不同的奖励或惩罚。奖励可以是金钱性的，如工资、税收抵免、退税或奖金。奖励也可以是非金钱性的，包括赢得同龄人的尊重、从学习新技能或新知识中获得的满足感、关爱之情（affection）及自己"行得正""做得对"的感觉。各类惩罚的威胁也可以起到激励作用，惩罚的威胁形式可能是诉讼、消费者抵制、罚款、监禁、社会排斥或失业。这些都属于外部刺激，可能会鼓励某些行为增加而使其他行为减少。

治理过程后续阶段的重点是人类**行动**（action），包括人们选择去追寻的行为、决策和日常管理实践。关于影响这些决定和行动的制度安排，人们需要先知晓、理解这些安排然后再去选择遵守。除非治理过程使参与者能够监管并强制执行规则，否则这一进程不太可能发生。例如，在尼泊尔的案例中，当地的规则体系做出了基本规定：每个家庭在灌溉沟渠的建设和维护方面应有的贡献度，以及若达不到贡献期望则必须承担的后果。村里的长辈监督并强制执行协议。如果这些精心制定的规则在执行上没有强制力，那么很难想象村民仍能完成沟渠的修建和维护，并能按时还清贷款。

在对社会－环境系统的治理分析中，要特别注意那些旨在规范人们对基本资产的使用相关行为的制度安排。因此，考虑不同的**资本资产**可能会如何应对特定制度安排的引入或修改，这样的思考相当有用，而思考的结论本身反过来又会影响参与者决定采取某种特定的行动或按某种特定方式行事。这些行动可能对资产指标产生直接影响，如污染水平（自然资本）、人群的健康状况（人力资本）、公路基础设施状况（制造资本）、社会的人际信任水平（社会资本）和新的发明创造（知识资本）。

制度安排对资本资产的不同用途和开发加以允许或禁止，这可能对这些资产的状况产生不同结果。简言之，**除非大量参与者共同努力来改变基础资产的获取和使用规则，否则资本资产状况不太可能得到改善**。

外部力量（external forces）也会影响治理。在各级社会治理中，某些因素会超出任何特定层面（如家庭、社区、地区）参与者的控制范围。外部力量的例子包括太阳辐射、气候变化、全球人口增长、自然灾害、全球价格波动、来自更高政治级别的决定、国际协议,以及位于任何特定层级治理体系之外的任何其他因素。其中一些外部力量属于意外事件,而另一些的变化趋势则是可预测的。当不存在明显的方法可以改变外部力量时,参与者在其所处层次的治理过程中面对这些力量的最佳反应恐怕唯有接受其存在,并尽最大的可能去适应它们。另一些时候,参与者可能会呼吁来自更高级别的治理,在这种情况下,参与者的集体行动可能将更有效地应对这些外部力量。

在我们的 4 个案例中,每个都描述了不同类型的外部力量及其对人们与社会 – 环境系统其他部分互作的影响。在尼泊尔的灌溉系统案例中,气候变化(变得更加频繁的干旱和更不规则的季风)代表破坏性极强的外部力量,促使当地农民采取集体行动。在伦敦的案例中,各种流行病在城市中造成了严重破坏,这些疾病是由外来病原体(如鼠疫和霍乱的病菌)的到来及伦敦原本就存在的社会经济和生物物理条件共同导致的,这些条件推动了疾病的传播。

但外部力量也会产生积极的影响,正如发明新型化学品来替代损耗臭氧层的 CFCs 作为制冷剂(refrigerants)这个案例所解释的那样。这种创新——对治理体系而言或许并不算完全"外部",因为创新者(如杜邦公司)毫无争议是关键参与者之一——但它对结果来说仍然非常重要,因为它满足了群众和公司对廉价冷却剂(coolants)和气雾剂的需求,同时不会对平流层大气中的臭氧层造成更多伤害。

图 4.1 底部的框体描述了反馈回路:监管并强制实施治理过程,从经验中学习并适应未来会出现的治理过程迭代。我们在第 3 章讨论了作为社会 – 环境系统复杂性关键方面的反馈回路。它们在此处的功能类似于治理过程。如果参与者对治理过程采取的方式感到惊讶(也许新的制度安

排对人们行为的影响偏离了预期），他们可能会希望对这些安排的适切性（appropriateness）进行重新评估。这个适应和学习过程可能会随着时间的推移而延续下去，并取得不同程度的成功，从第 1 章介绍的所有案例中都可以清楚地看到，清除一个障碍后往往会出现另一个障碍，因此促进可持续发展的工作仍在继续。

在治理概念框架的应用中，真正的挑战是确定能在特定环境和情况下发挥作用的是哪些特定的治理方法。这个框架不会就如何改进治理直接给出一个正确的答案，但它能帮助分析人员系统评估特定治理过程的优缺点，从而制订更周详的战略作为治理改革的起点。试图制订这类战略的实践者也将从当代治理研究中获得的某些经验与教训中受益。

社会 - 环境系统中的治理教训

对社会 - 环境系统治理的研究产生了一批适用于治理改革尝试的潜在有益结果。本章接下来将讨论以下 5 项经验与教训：①诊断合作的障碍；②找出人们的兴趣来源；③评估治理产生的多重可能反应；④将干预措施视为可从中学习的实验；⑤深刻体认知识就是力量。

诊 断 集 体 行 动 难 题

在尝试修复某件东西之前，我们需要先了解它到底哪里出了问题。了解问题所在，以及好的结果为何无法实现，这是所有治理分析中最重要的目标。在任何规模的集体中（无论是本地的用户群体还是国家乃至国际社会）如果集体期望的某些方面未能实现成果，就需要去了解集体行动失败的原因，然后才能设计出有效的解决方案。动员集体行动的所有努力都面临着多种多样的挑战，或可分为动机问题、权力不对等问题和信息问题。下面我们将对集体行动的这些常见障碍进行简要描述。

集体行动常见的失败原因之一是个人为共同利益做贡献的动机薄弱。在现有系统中个人的境况越好，其对可能改变系统过程的行动的投入动力就越弱。即使个人确实希望看到现状改变，他也会倾向于让其他人在改变过程中承担重任。**搭便车**(free-riding)*，或者说试图从共享产品或服务中获益而不提供相应的贡献，是合作的普遍障碍。群体越大、异质性越高(more heterogeneous)，就越难克服这一障碍。

不过，人们还可能出于很多其他原因而缺乏参与合作的动机。他们可能认为提出的合作相对而言事不关己，因此不足以得到他们的支持，或者他们可能并未意识到维持"一切照旧"将要付出的真实成本有多大。他们可能无法意识到现有行为的相关风险，也对即将到来的危机熟视无睹。这些动机障碍大多与人们持有的信念、价值观及他们看待自身与周围世界的方式有关。在尼泊尔案例中，农民对危机和不作为的高昂代价持有共同的看法，最终促使他们走到了一起。从本质上来说，他们的动机是搁置分歧，转而关注建立共有灌溉系统的共同利益。寻求推进集体行动的参与者如果能了解人们动机(或缺乏动机)的来源，将会事半功倍。

当某些参与者比其他参与者更强大时，就会出现**权力不对等**(asymmetries of power)。掌握权力的基础可以是经济的、社会的或政治的。大多数集体行动发生在由先行存在的权力分配所塑造的背景下，精英可能会借此做出不当的决定，为自身谋取不成比例的大量可用资产。他们抵制任何试图改变现状的举措，即使这些举措意味着未来社会生产力的整体提升。

这种不对等性会对可持续发展产生什么影响呢？当在决策桌上没有发言权甚至列席旁听权时，这样的参与者就在治理过程中缺乏权力。因此，在这种情况下作出的集体决定很可能并未考虑边缘群体的需要。在可持续性问题上，我们的后代相对于我们这一代面临着类似的不对等性，因为他们既

---

* 搭便车作为 free-riding 的主流汉译，在词义褒贬色彩上存在一定的含混性。英文既没有类似目前手机应用付费"顺风车"的含义，也不包括司机和其他乘客一致同意的免费搭车情形，而是指无视他人反对的强行白蹭车现象，因此才会成为集体行动中的合作障碍，在汉语语境中更类似"霸王餐""混吃混喝"等义。

未掌握财富也毫无政治影响力，所以只有通过当代人来作为他们的代言人，才能拥有一席之地并慷慨陈词。

尽管对众多社会治理改革和集体行动的努力而言，权力不对等仍然是一个重大的障碍，但最近的一些进展表明它是可以被克服的。例如，在数个拉丁美洲国家，民主进程的深化使原住民群体得以收回大部分祖先土地的所有权。[5]另一个例子涉及因修建大坝而流离失所者。世界大坝委员会（WCD）成立于 1997 年，成员来自民间社会、学术界、私营部门、专业协会，还包括来自每个国家的一名政府代表。该委员会负责评估世界各地大型水坝项目的社会、经济和环境影响，并提出相应的一系列建议。在 2000 年，他们发表了第一份报告，其中提出的 10 项建议极具影响力，至今仍被认为是大型水坝项目实施的黄金标准。[6]委员会的建议中包括对大坝项目造成的流离失所者提供权利保护的呼吁，应当允许这些人在决策过程中拥有发言权。

集体行动还可能因信息问题而失败。如果参与者在可用的选择及其后果或其他互动参与者的特征和偏好等方面不进行信息共享，便无法令每个参与者掌握的信息相同，于是这类失败情况就会发生。正如我们在尼泊尔农民管理的灌溉系统案例中看到的那样，政府的灌溉项目设计不当，未能充分利用本地农民的专长，结果导致了生产力的下降。

不过，信息问题还是可以得到解决的。臭氧案例解释了国际科学评估是如何通过善解人意的谨慎运作得以完成工作的。20 世纪 80 年代中期，南极臭氧空洞被发现，此后关于全球平流层臭氧是否出现了显著下降的议题引发了学术争议。不同的模型和数据集给出了不同的结果，信息战一触即发，各个利益相关方（国家、产业界、环保主义者等）都在拥护或被预期即将拥护对其政策偏好提供最强支持的数据集和模型。然而，美国国家航空航天局（NASA）发起了臭氧趋势国际研讨会，目的是向所有人提供具有权威性的独立评估。主办方在会议中邀请了不同领域的公认专家，分别来自 10

个国家的不同行业、学术界和政府部门。他们以学者而非代表的身份参会并成功提交了一份严谨细致的共识性报告,表明全球平流层中的臭氧确实呈现出显著的下降趋势,并且几乎可以肯定,该趋势是由人类排放的损耗臭氧层化学品造成的。该报告极具影响力,得到了政府和业界领袖的广泛引用。同样地,它还为能够支持采取行动并使之成为必要行动的科学信息提供了普遍基础。自此之后,这项评估过程中采用的能够支持治理过程的包容性方法得到了广泛效仿,其中的原因我们将在第 5 章进行更深入的探讨。[7]

哪些特定的集体行动难题正在威胁人类福祉?对这个问题的了解为制定更有效的治理战略提供了基础。这种诊断越精准,治理的反应就越具有针对性。存在某些因素能激励治理过程的不同参与者走到一起,并使他们积极地为代表共同利益的治理对策做出贡献,这种意识将大大提升解决问题的机会。换言之,了解是什么激励了团队成员,可以让团队有针对性地创造激励措施,鼓励参与和合作。

找出人们的兴趣来源

对人类行为的研究区分了两种动机来源:内在动机和外在动机。内在动机来源包括道德价值与精神价值、个人自由及自主意识。外在动机来源包括现金支付、惩罚威胁和社会排斥。大多数公共政策都会利用外在动机来改变社会成员的行为,使其往既定方向发展。如果闯红灯被抓,你将不得不支付巨额罚款,甚至可能被暂时吊销驾照。如果你购买低油耗的节能汽车,政府可能会给予税收抵免。这些外在动机来源通常能很好地引导出期望的群体行为,但最近的研究表明,传统政策工具过于依赖自上而下的解决方案和现金支付,有时会产生问题。以下 3 项研究清楚地说明了这一点。

实验证据表明,向人们支付金钱以鼓励他们为共同利益做贡献,有时可能会适得其反,实际上恰恰**降低**了人们的贡献意愿。瑞士经济学家弗雷(B. Frey)做了一项实验,他在两种不同的条件下询问一批瑞士公民是否愿意接受自身所处的城市建设核废料处理设施。[8]他首先直截了当地发问受访者是否愿意接受该设施,结果发现略超过一半人表示愿意。接着,他询问受访者一个后续问题:如果中央政府向他们支付 2000～6000 美元的大笔款项作为对提供公共服务的补偿,他们是否愿意接受该设施的建设。令人惊讶的是,提供现金支付的情况下同意者的比例下降了一半。如何解释这个实验结果? 在被问及具体想法时,市民的回答从"建立设施本来就做得对"到"政府不能靠贿赂来收买我们做事"再到"我们的支持不是拿来卖、拿来换钱的"。调查结果表明,使用现金支付有时会削弱人们想做有利于社会的"好事"的动机。

正如现金支付作为奖励可能适得其反(backfire),现金罚款同样可能成为问题。有项研究提供了以色列海法的日托中心案例:该研究试图让父母准时来接孩子,为此日托中心推出了一项小小的罚款,迟到的家长每天要付3 美元。[9] 令人惊讶的结果是:实施罚款后,迟到的家长开始变得**越来越多**而非减少。更令人惊讶的是,当该中心在 12 周之后停止了罚款,迟到者的数量相较有罚款时没有发生任何明显的变化。在罚款出台之前,对接送迟到只有社会性惩罚:日托中心的职员会简单地确认父母的拖拉造成了迟到,也许还会口头批评他们让员工承担了超时的工作量。然而,一旦缴纳了罚款,大多数父母似乎不再认为自己应承担准时到达的道德义务:他们也许认为自己已经"买过"迟到的权利了。在这种特殊情况下,与小额现金罚款相比社会性惩罚能产生更高的规则遵从度(compliance)。

哥伦比亚经济学家卡德纳斯(J. C. Cardenas)在该国农村社区成员中开展实验,试图重现这些社区在森林资源管理中反复面临的集体行动难题。[10]在实验中,村民被要求各自做出采伐量的决定。向实验参加者支付的报酬取决于他们在实验中的表现,这一实验设计旨在捕捉现实世界中以下两者之间存在的紧张关系:分别在个体、短期和整体、长期意义上的"上善之选"。实验开始时不允许交流,参加者最终进行了不可持续的快速采伐。然后,实验人员改变了规则,引入了两种不同的干预措施来处理过度采伐问题,并将其分别应用到不同的两组实验参加者群体中。干预措施之一允许参加者在做出个人采伐决定前进行相互交流;另一项干预措施则模拟了现实中政府实施的政策:参加者的采伐量不允许超过某一规定水平,同时参加者的行为受到监控,如果他们被抓到过度采伐就会被罚款。实验结果是:与接受政策规定式调控的情景相比,被允许交流的实验参加者自愿为保护森林而牺牲的个人短期利益要多出 5 倍。事实上,政策干预反而会导致参与者过度采伐,其采伐量甚至比没有沟通和监管的前 8 轮还要多。

在生产和消费相关的决策中制订有效治理战略,鼓励人们追寻可持续性,上述研究结果强调了这一挑战中的 3 个方面。首先,人类行为的激励因素因环境而异,但人们通常会对内在和外在动机的结合做出反应。其次,罚款或现金奖励等外部激励措施的有效性通常取决于个人的社会规范、信仰和价值观。最后,当试图改变目标人群行为的干预措施能体现出对这些人自主性和问题解决能力的认同时,措施更有可能起效。

探索多重治理反应

哈丁在《公地悲剧》中认为,避免过度收获悲剧的唯一方法是政府机构进行干预。他建议外部干预可以通过两种方式进行:一种是由政府机构对资源使用者的行为进行强制限制;另一种是将资源私有化,分给个人,他们作为资源所有者会从自身利益出发更可持续地管理资源。多年来,这两种选择主导了处理公池资源问题的政策工具。然而,更为新近的研究表明还存在第三种政策选择,无需照搬哈丁的自上而下式干预:当地的资源使用者有能力自行为公共问题制订本土化解决方案,实际上他们经常这样做。有证据表明,本地制订的安排不仅是可能的,而且有时甚至在自然资源治理方面优于国家政府。

关于公池资源治理的研究提供了若干经验教训,即某群体(规模可从小型地方团体到全球社区)试图管理脆弱的资源系统时哪些举措有效,哪些则无效。以下是关于 3 个主要发现的总结。

由于在公共资源治理方面工作的突出贡献,奥斯特罗姆(E. Ostrom)获得了 2009 年诺贝尔经济学奖,她调查了数百个本地用户寻求管理公池资源的相关案例。通过考察个中成败并对一系列有助于解释结果的地区差异因素进行系统性研究,她发现:在数量有限的特定条件下,资源使用者相较"外人"更有可能成功地自行作出制度安排以维持其共享资源。[11]她列举了一份包含 8 项原则的清单,通常被称为"奥斯特罗姆设计原则"。

1.资源的边界和用户群体的权限需有明确定义。

2.管理公地使用的规则应与当地的需求和现状条件相匹配。

3.受规则影响者能够参与这些规则的决定过程。

4.具备有效的本地监督系统,地方社区成员相互监督彼此的行为。

5.对不同违规者有相对应的分等级制裁措施。

6.解决冲突的机制运作成本低廉且容易触及。

7.更高级别的机构尊重本地资源使用者群体的自治与自主意识。

8.对于规模更大的公池资源,组织形式应为多层嵌套机构,其中位于基础层次的是本地资源使用者群体。

自 1990 年奥斯特罗姆的初创研究成果首次发表以来,在各种背景下已经有数百项实证研究测试了她的首倡观点。虽然这些研究对初始版本的设计原则进行了一些改进,但其核心思想经受住了时间的考验。[12]本土化自治是可能的,但始终呈现出挑战性。

发展中国家的一些实证研究表明,在自然资源系统的管理方面,本地治理过程比自上而下的政府干预更具费－效(cost-effective)优势。在共享自然资源(如森林和河流)的管理上,这些研究对国家层面的政府计划与基于本地社区的志愿性倡议和行动进行了绩效比较。在一项此类研究中,索马纳坦(E.Somanathan)与同事一起收集了按不同方法开展保护活动的印度森林中大量的费－效比数据。[13]他们发现,在保持森林各项条件的稳定方面,平均来说本地社区比政府组织更善于保护森林,并且其行动成本仅为政府项目的小头。不过，环境问题的自下而上式本地解决方法有时是不完整的，尤其是在问题的处理已经超出地方治理体系的地理范围或管辖权范畴之时（回顾我们在第 3 章讨论的隐形性问题）。为了解决这些涉及面更广的问题，可能需要多层次的治理方法。

多层次问题需要多级政策反应。可持续发展的治理面临着巨大且持久的挑战，在应对这种挑战时没有万应灵药（panaceas）。换言之，能够确保可持续成果的万能蓝图式政策处方是不存在的。现有大量的切实证据表明，公池资源问题的有效解决往往需要不止一个政策参与者。[14] 在应对复杂的社会－环境系统问题时，单一的政策参与者很少能够起效，这是因为：①单个参与者很少完整地拥有科学、实操或本地背景等方面所需的全部知识，因此无法提出有效的应对措施并付诸实施；②应对措施的有效性取决于受政策措施影响者如何看待政策的正当性（legitimacy）。如果政府机构单方面推行的某项政策，在其设计过程中没有接收过来自受影响各方集思广益的积极贡献，那么后者对该政策的回应可能拒绝将其视为正当的，因此会在对政策执行强制性的认可方面令情况复杂化。

对于理解社会－环境系统问题的治理对策是如何构建的，这些思想是有意义的，因为它们向治理过程中国家政府主导作用的传统观点提出了质疑。但这些思想同时质疑了本地资源使用者始终维持有效的本土化应对措施产生的能力。多层级治理研究的见解之一是，如果某个问题跨越多个层级——例如在气候变化案例中，从局地层面的个人行为选择到全球层面的决策过程——解决问题的治理尝试需要所有层级的参与者都做出贡献。不过，这并不意味着必须在所有参与者之间达成全球性共识才能实施应对措施。在谈及应对气候变化的多层级方法时，奥斯特罗姆认为："由于影响是全球性的，那种仅需建立单一的政府单位便可解决全球集体行动难题的观点理应受到认真的反思。"[15] 根据奥斯特罗姆的观点，各种较小尺度上的减排尝试所做出的贡献应得到辨识与认可。解决诸如气候变化之类问题时采用多层级方法的优势之一是能够从多尺度的实验成果中学习,而这将使所有人受益。

将干预视为实验,然后从中学习

任何特定的制度安排都是由不完美的人类来构建的,因此在最好的情况下也只能产生部分解决方案。由于任何社会－环境系统都涉及大量的不确定性——会影响到结果的可动部件实在太多了,它们不仅难以预测,而且往往超出治理参与者的控制范围——在设计、实施政策应对措施的过程中,出错是不可避免的。

一个有用的例证是伦敦面对街道和后巷中不断堆积的粪便做出的最初应对。冲水马桶的创新发明与"所有房屋都必须使用冲水马桶"这一规定的结合,将大量未经处理的粪便冲进了泰晤士河(当时该市饮用水的首要来源)。一旦搞清了这些措施正在损害人类健康,伦敦的政策制定者立即修改规定,要求饮用水在伦敦上游取水,而粪便应排放到城市下游(当然,这个例子也表明了治理结构的局限性,也就是说该结构与所处理问题的物理规模不相匹配:伦敦的治理结构使其无法迫使伦敦上游不断增长的社区将粪便排放到泰晤士河以外;而在清洁伦敦的治理过程中,下游社区不得不成为"代价",在接收伦敦粪便的同时毫无发言权)。

从政策干预中吸取的经验与教训,可以通过互动和渐进的方式被用于改进政策在设计和执行上的属性。复杂的社会－环境系统充满了意外,因此能从政策干预中学习是有效治理的关键之一。我们将在下一章深入探讨这一主题。

知识就是力量,分享知识可以授权赋能

"知识就是力量"这一警句名言表明,通过教育增加知识,可以为人们打开一扇扇大门,增进人们在生活中的本领与潜能。例如,学生、专业人士和其他公民个体分别可以何种方式令可持续发展的成果扭转乾坤,通过学习这方面的相关知识,可持续专业的学生将成为更有力、有效的社会变革倡导者。

这一警句还表明，以牺牲他人利益为代价，知识可被用作支配工具以及增加个体资源的工具。* 因此，与大众同胞分享知识，可以抵消社会中现存的权力不对等。共享知识可以授权赋能，因为获取新知有助于平衡政治竞争环境，使推动社会变革的团体得以提升可靠性（credibility）、诚信度（trustworthiness）和正当性。然而，仅凭知识本身在大多数情况下不足以实现社会目标。知识本身当然可以发挥很大的作用，但关键在于如何使用知识。其中部分的运用涉及知识在治理过程中为谁赋予权力，以及如何影响资源分配、干预措施的设计和对干预成效的了解。知识**就是**力量 / 权力。关于可持续发展的知识（目前其目标实现到何种程度，哪些因素的隐形性误导了生产和消费过程，哪些资本资产正在积累或退化，以及它们可以被谁取用）能够给那些致力于追寻可持续性的人授权赋能。下一章的主题是在什么情况下这种被知识授权赋能的个人能够为可持续转型做出贡献。

图表注释

① 图4.1中这个更加细致的框架是对图2.1所介绍框架的补充，目的是帮助评估治理对人类与资本资产间相互作用产生的影响。

---

* 本节标题的英文为 Knowledge Is Power, and Sharing Knowledge Can Be Empowering。其中 power 含有特指知识就是"权力"这一层含义，empowering 同时具有"赋能"与"授权"的含义。

第 5 章

将知识与行动联结起来

第 2 章介绍的分析可持续发展的概念框架将知识确认为基本生产性资产之一，这些基本资产决定了人们从所处的社会－环境系统中获取福利的能力。但知识和其他生产性资产一样，仅仅存在是不够的。只有被使用的资产才能促进可持续发展。将知识与行动联结起来，这个过程比乍看起来要困难得多。[1]

第 1 章介绍了一些成功地（或至少部分成功地）联结起知识与行动的尝试案例。可悲的是，尽管此类成功十分重要且鼓舞人心，但它们在总体上仍然属于例外而非普遍规律。更常见的情况颇为讽刺：无人问津的发现与未能满足的需求并存，专注的研究者发现了具备潜在用途的有益知识，然而这些知识永远无法跨出学术期刊的版面进入实践。希望改善人民生活的实践者、工程师和政策分析师设计出难以计数的创新，但其应用范围永远不会超出地方示范性项目。与此同时，试图**实践**可持续发展的群众、组织及其他参与者往往缺乏必需的知识和技能诀窍。显然，追寻可持续性需要更多、更好的知识。但这些知识应具有针对性，并以能够实用化的方式产生。已有的知识可以且理应与实践实现更好的联结。我们相信，对于科学家、工程师及他们的资助者和支持者来说，缔造更好的知识－行动联结应被视为优先事项。

在追寻可持续性的过程中，为什么知识和行动始终会出现脱节？如何建立更好的联结以推进可持续发展？这些问题及其相关问题是本章的重点。不过，在深入我们的诊断和处方之前，必须先澄清与知识相关的一些关键观点。

● 在追寻可持续性方面，哪些知识最可能具备潜在用途？如前几章所述，对社会－环境系统如何工作的因果关系理解当然属于直接切题的知识。可以改变这些系统的技术、政策或其他实践活动也同样切题。为了产生这些有用的知识，了解有关监测、研究和创新的最佳方法也很重要。

● 谁在消费或使用知识以推进可持续发展？我们脑海中立刻浮现的知识使用者包括图 2.1 和第 4 章描述的所有参与者：从家庭到公司、从大学到政府的各级决策者。与此同时，意见领袖、教育家和艺术家也同样重要，他们塑造了我们所有人对可持续性的思考方式。请注意，有些时候知识的生产者和消费者是同一批人，在穷人或其他社会边缘人中这种情况尤为明显，这是由于他们无法触及远超自身教养和经历的知识网络。

带着澄清这些概念后的理解，我们将转向讨论近年来关于联结可持续性的知识与行动领域的研究发现。我们会重点关注专栏 5.1 中总结的 6 个重要的经验与教训，并将在本章的剩余部分对这些经验教训进行扩展。

可信的知识能产生真正的影响力

考虑某个对你而言着实重要的个人决定，在做决定的过程中，你可能会通过使用额外的知识获益：例如，若想最大限度地减少在地球上造成的环境足迹，你应该优先采取哪种行动？你该掏出一大笔贷款给你同学开的绿色创业公司投资吗？如果想对可持续发展做出可能的最大贡献，你应该选择专攻哪个研究领域？你是否应该接受一份位于潜在风险地区的工作，帮助推进令人兴奋的可持续发展项目？面对旅途中可能遇到的致命疾病，你应该尝试为其造一款实验性疫苗吗?

专栏 5.1　成功联结知识和行动的实践特点

1. 这些实践尝试建立信任,拒绝如下观念:专家宣称的良好意图应该足以推动将他们的想法付诸行动。相反,实践者明白:对可持续发展的一线参与者来说,要将知识视为可信到足以影响他们信念或行为的程度,就必须确认知识不仅可靠(很可能是真实的),而且是突显的(契合他们的需求)与正当的(没有偏见和别有用心的隐秘动机)。

2. 它们是合作性的实践,拒绝在技术转让和政策咨询学科中传统的"流水线"(pipeline)模式。作为替代模式,它们支持来自多学科、多种实践传统的诸多知识生产者与知识使用者密切合作,从而确立研究重点、鉴别相关证据、制订适当的评估标准。

3. 它们是系统性的实践,拒绝以下简单化假设:单独的新发现或发明本身足以形成特定背景下的有用知识。相反,它们认识到能起作用的创新是种复杂的过程,需要在各种相互联动的任务中共同取得成功,这些任务包括发明、融资、试生产和选用、使用中的评估、为适应特定用户进行的调整、传播及最终为进一步优化的想法让路而及时退出。

4. 它们是适应性的实践,拒绝将探求得到知识的绝对确定性作为行动的先决条件。相反,它们承认失败不可避免,鼓励明智的冒险,并积极寻求从现实世界行动的遭遇中(往往是受到挫伤的经历)学习经验与教训,从而培养新的思想和技术。

5. 它们是政治实践, 拒绝以下自我安慰性质的迷思: 研究和发明是价值中立的(value free)。相反, 它们接受知识就是力量(权力)的现实(这点在上一章已经提到), 并在所要探索问题的选择、合作者的挑选和成果的传播方式等方面深思熟虑, 从而确保能促进所有人而非少数特权阶层的福利。

6. 它们欣然纳入边界工作(boundary work), 后者会对知识的生产者和使用者之间的多人互动进行积极管理。它们拒绝"善意是将知识与行动联结起来的唯一必需条件"这种简单化观点, 承认自身这类实践中存在固有的紧张关系, 并为解决这一紧张问题投入人力、创建流程。

现在, 假设有人意识到你正在面临上述众多抉择之一, 她向你迎面走来, 宣称自己是该领域的专家。你会改变自己的行为来认同这位自称专家者的建议吗? 你会更进一步, 让她的观点影响自己的信念吗? 为什么?

在推进可持续发展的实践背景下, 这样的两难困境始终存在。它们提出的是知识如何产生影响力的问题。一如既往, 答案取决于具体的问题、人员和相关的环境。与此同时, 我们的经验还表明, 答案几乎总是取决于**信任**。

正如我们在第 2 章提到的, 信任是社会资本的一个要素, 是影响人们之间如何互动的一种安排约定。我们使用"信任"一词的广义定义, 即对人们会信守承诺的信念。但是, 当处于为追寻可持续性提供帮助的知识这一语境时, 信任意味着什么呢? 对我们这些从事知识生产或传播的群体来说(作为研究者、发明家、政策分析师或其他领域的创新者), 即便只是提出这个问

题本身就会麻烦不断。我们是真心想要帮忙,当自己的真诚遇上了那些"此
君不值得信任"的暗示,我们中的许多人会感到不满。不过平心而论,我们
作为研究人员,建议他人基于我们的专长去采取行动,此时我们在结果中的
利害牵涉往往比较小,不会产生太大的损失。相形之下,真正的使用者与
我们相反,很可能赌上了他们的全部身家乃至生命。此外,自从蛇油(snake
oil)* 在这个星球上第一次开卖,宣称自己"术业有专攻"就一直是蛇油生产
商的必备推销话术。知识使用者作为潜在的客户,面对海量的新想法和新
产品,默认应该对所谓知识生产专家持怀疑态度,这是完全合情合理的。事
实上,经验表明:除非潜在使用者确认某些知识值得信赖,否则后者不太可
能对前者的行动产生影响。但我们不禁要问,信任从何而来?

　　对这个问题的研究表明,当潜在使用者认为新知识符合 3 个标准即**突
显性**(saliency)、**可靠性**和**正当性**时,他们更有可能对其产生信任因而愿意
采取行动(表 5.1)。[2] 这个关于知识的信任决定因素公式特别强调使用者的
感知。不过值得注意的是,这种感知可能会受到知识生产者行为的影响。
尤其是如果一项新发现或发明的生产者所属的群体本身就对这一知识表现
出直言不讳的怀疑,那么许多潜在使用者在作出自己判断的时候可能会考
虑到这种怀疑表态。这形成了一种动态问题,意味着那些在这类动态过程
中寻求联结知识与行动的人,他们必须同时关注自己的策略在生产者和使
用者群体中的表现,而不是仅针对一个群体进行优化。

　　突 显 性 体 现 对 相 关 性 的 感 知

　　对专家提供的建议或新技术,潜在使用者会认为这与他们最重要的需
求相关吗?对新型低排放炉,厨师是否认为它提供的热量可以满足日常做
饭所需?或者认为它只是一种防污染装置?对高效公交系统,旅行者是否
会将其看作对灵活可塑、随需应变的个人交通需求的一种创新回应?还是

---

*　蛇油指推销者口中的"万应灵药",实则毫无效果,相当于汉语俗语中"卖大力丸的"。

表 5.1　潜在的知识使用者对知识的信任维度

信任维度	关键问题（来自潜在的知识使用者）	如专家建议修一座桥，将某个农业城镇与河对岸的市场连接起来，农民对此的提问如下
突显性	它相关吗？	造一座桥能满足我们把农作物推向市场的需求吗？
可靠性	它真实吗？	这些专家知道怎么建桥吗？
正当性	它公平（没有偏见与歧视）吗？	他们为什么推荐造这座桥？他们是真心想帮助我们还是出于私利，比如有家里人就是干造桥这一行的？

会看成对他们生活的另一种政府干预？对屋顶太阳能系统，忧心停电问题的业主会将其看作可靠的离网电源吗？还是会视为迈向国家能源自主的一步？抑或两者兼而有之？对源自本地的有机农产品，高校学生会将其看作能提升生活乐趣的美食吗？还是看成关于良好营养的一种不受欢迎的告诫？

　　我们的观点不认为潜在的知识使用者（无论是企业领导人、农民还是业主）最清楚哪些新想法或新设备能提升他们的福利或社会的可持续发展前景。事实是他们并不清楚。除非在对话开始时，新知识的生产者和提供者就已认清使用者最大的希望、恐惧和目标所在，否则后者是没有理由去倾听前者意见的。商业创新者对此所知甚深，科学家应该从他们的著作里汲取经验。专栏 5.2 中关于炉灶的故事显示了当他们未能做到这一点时发生了什么。

专栏 5.2　意外后果：关于炉灶的坦桑尼亚故事

记得在 20 世纪 90 年代初，我曾在位于坦桑尼亚的乌桑巴拉（Usambara）山脉山麓的社区生活过一段时间。当时有个好心的组织设计出一种节省燃料的无烟炉灶，并在当地进行了推广。与传统的明火炉灶不同，它们是封闭式的，有专设的烟囱从传统的土屋中排烟，其使用的燃料也来自锯末、木屑而非薪柴或木炭。

新型炉灶的设计目的是大幅减少室内的空气污染。当地的妇女和儿童每天在室内烹饪长达数小时，这是他们生病和早逝的原因之一。新型炉灶使用锯末，预期可使妇女不再需要每天步行好几千米去收集柴火，同时能减少雨林的砍伐量。

尽管这项技术创新为增进人类健康、环境保护和社会公平提供了巨大的希望，但它仍然被社区拒绝了。我坐在碗状的传统炉子旁，开始从两姊妹那里了解社区为何不接受新式炉子。妇女们把白色的玉米棒放到炉子的明火上，解释说：烤玉米既是受欢迎的食物，也是根深蒂固的文化习俗，然而在新式炉子上没法烤玉米。在传统炉子上烤玉米为家庭提供了聚会时间，并且孩子们在长时间外出放牧时也会带上烤玉米棒来填肚子。

在同这些妇女生活了一段时间后，我发现：当地的家庭早、晚都在依靠小屋里的烟雾来驱赶蚊子，从而保护成人和儿童免受疟疾危害。抗疟药品太贵，而诊所又离得太远，因此无法提供替代方案。另外，虽说担子繁重劳累，但远足找柴火对妇女而言也是难得的私下联系机会，她们可以一起讨论共同关心的问题，提出更好的想法来相互支持并惠及家人，因此她们对此非常珍视。社区成员还对锯末的供应提出疑问。一旦将来炉灶项目的团队离开，谁来提供锯末？锯末从什么地方来？价钱是多少？[3]

这则轶事提醒我们，技术创新和创造力在复杂的社会–环境系统中必须脚踏实地。许多组织现在正与发展中国家的社区有效合作，确保炉灶的设计、制造、分销和其他技术都能真正满足当地需求，并适应当地环境。成功的实践尝试会从整体上关注挑战与其解决方案，把相互关联、权衡关系、反馈和意外后果等一并整合到设计过程中，使之成为必不可少的组分。

这些项目团队不仅依赖科学领域的专业知识，而且依赖人际关系技能（一种连接人与人并建立信任的能力）来理解文化、科学和环境因素是怎样结合起来，以意想不到的方式形成激励和动机的。在这个日益变得复杂、相互依存且难以预测的世界里，为了确保我们在促进代际福利方面的努力取得成功，态势感知（situational awareness）和同理心（empathy）已变得愈发重要。

针对某一问题的突显知识，最有可能的知识来源通常是那些在日常生活中一直与该问题缠斗以探求解决方案的人。这种知识可能是传统医师关于药用植物的，也可能是农民关于灌溉系统运行的，或是机械操作员关于汽车生产线改进的。一般来说，这些人既是知识的生产者，也是知识的使用者。为了向可持续性行动提供信息，在创造突显知识的过程中最有效的那些实践项目涉及经实践调和的地方知识与外部专家贡献这两者的结合，这在尼泊尔灌溉系统的案例中十分明显。当来自外部工程师的干预措施无效时，他们让位给本地建设者来设计并实施方案，从而更有效地解决了问题。

当知识生产者认识到用户认为最重要的知识需求何在，并据此调整研究议程以提供此类知识时，知识的突显性也会变得更高——哪怕这一过程并不涉及可在顶级期刊上发表的学术前沿内容。在雅基河谷的案例中，研究者避开了极端化处理方案之间的比较（这种研究方法可以最大限度地拉开结果之间的差异，并可能导向对全局过程的更完整理解），而只测试了农民可以切实采用的方案。在这样做的过程中，他们仍然可以有所发现，但更重要的是能够更好地协调、响应社区的优先事项。

在一位从事气候变化社区应对工作的同事那里，我们听到了类似的故事。他和其他研究者试图让滨海社区提高对风暴与洪水的关注度，由于气候变化，对这类灾害日益增加的风险所进行的评估也变得愈发重要。在一场令双方都备感沮丧与挫败的对话后，事实证明社区最关心的问题不是气候变化本身，而是如何调整道路下方涵洞的大小，以减少该地区正在经受的、日益强烈的风暴冲毁涵洞频率。一旦研究者满足解决这一平凡（对他们来说）却又紧迫且突出（对社区来说）问题的需求，对话范围就得到了扩大，可以回到最初吸引研究者的滨海洪水问题上来。

在更普遍的意义上，突显性高度取决于问题被纳入哪种框架并在框架内获得何种定义。例如，只有放在全球气候变化的背景下，将化石能源与可再生能源相对的比较框架才会显得至关重要。其他替代框架可能会更加突出能源选择的广泛影响，其中一些影响对大多数人来说会立刻变得十分明显，而另一些在空间和时间上则较为遥远。这类框架的考虑重点不仅包括化石燃料排放造成的更加长期性的全球损害(气候变化与海洋酸化),而且同时关注更严重、直接的急性局地损害(涉及本地的健康、材料、农业和生态系统)。深思熟虑地定义问题并制订框架,涵盖潜在的知识使用者的当下关注和长期关注,通过这种方式可以增加科学知识对推进可持续性所需行动的影响可能性。

重要的是,知识生产者必须意识到他们对知识使用者理应需要什么的假设,可能与使用者本身最想要什么的实际感知与看法截然不同。调整知识生产工作的方向,确保它们在本质上(并且从表面上看也能体现出来)突显潜在使用者最强烈的需求,这是构建有影响力知识的重要步骤。

可靠性体现对事实的感知

潜在使用者有理由相信提供新知识的个人或组织真的知道自己在谈论什么吗?免耕农业实践真能降低面对旱灾时的脆弱性吗?核反应堆的新设计真的实现所谓"固有安全"(inherently safe)了吗?新疫苗真的能在保护孩子的同时避免造成危险的副作用吗?

什么能使潜在使用者眼中的知识显得可靠可信,这往往取决于环境情况。在学术界,以下情况得到了广泛的理解:一位学者可能会乐于在另一位学者新发现的基础上投入、开展下一个研究项目,前提条件是该发现经受住了知名学术期刊的细致同行评议并得以发表。但穷苦农民可能就不会对同行评议那么感兴趣了,他们更关心的是在自己采用新品种的种子之前先去看看它在邻居田间的种植效果。

社会上对知识可靠性的主张常常出现不一致。许多人坚持认为,只有在详细且相对透明的测试程序验证通过之后,声称某种新药有效且安全的说法才可靠。与此相反,在许多社会中,新推出的加工食品会声称"对你有益"(表面上由食品包装上的"小号字体说明书"告知),这类说法的可靠性在很大程度上取决于消费者的个人判断。为了将知识与行动联结起来,必须采用在特定环境中为特定使用者服务的规定标准来构建可靠性。

在进行实践工作以克服可持续发展知识的可靠性问题时，至少存在两个相关陷阱会使工作复杂化。第一个陷阱来自以下假设：在将知识与实践联结起来时，拥有可靠性足以决定一切。经历过高校学术训练的研究者可能会认为，他们自己生产可靠知识过程中采用的最佳实践标准（如实验结果的统计显著性与可复现性）放之四海而皆准，而知识的使用者可能会对其他标准赋予更高的权重，如在纾解特定的本地难题方面取得的成功。另一方面，在对可持续发展的贡献上真正具备潜力的本地发明或全新实践做法（novel practices），反而很可能会被当权者以 "不科学" 的名义束之高阁（这已经不是什么新问题了。在附录 A 详述的伦敦案例中，我们注意到英国皇家学会就曾把已成功预防天花的 "外国" 新疗法经验拒之门外，只因当时在他们这群科学家的所知范围内，没有哪种医学机理可以解释该疗法是如何起作用的）。

第二个陷阱恰恰处于第一个陷阱的反面。在构建知识主张的可靠性时可能缺乏关键标准，在这种情况下仅靠越来越多的断言（assertions）累积，反而有可能堵塞系统并阻碍进步。伦敦的案例再次提供了例证。被广泛接受但并未经受批判性评估的疾病 "瘴气"（miasma）理论阻挡了改革者的主张，后者认为水污染而非恶臭（即作为大气污染的瘴气）才是霍乱传播的原因，因此也亟须整治的重点。其他错误的知识可能来自研究者的善意，他们希望自己的发现能推进可持续性（如更好的炉灶或核反应堆），但未能仔细评估这种意图和产品的实际性能是否匹配。更为罕见的情况是出于谋取一己私利的欲望而恶意推送错误信息，而真正的进步可能会因为这种自私行为被延迟滞后。目前，针对开发项目的随机对照试验（RTCs）越来越受欢迎，该趋势正是针对上述风险的一种回应。RTCs 已被广泛证明有效，如用于对近年来涌现的数十种小规模净水技术的整理分析，这些技术都宣称支持并响应 "使无法获取安全饮用水的人口比例减半" 这一千年发展目标。[4] 但此类试验也不是什么万应灵药，如在大规模战略性干预措施的可靠性评估方面,它们的效力相当有限。

大多数研究者承认,就知识影响行动的过程而言,建立可靠性的程序至关重要。这种可靠性的高低最终可以表述为特定的知识使用者对知识本身、知识的生产者及生产过程的一种感知函数。因此,修复可靠性匮乏的问题需要从特定的使用者角度审视知识是如何产生的,了解与可靠性相关的证据和论点中哪些对使用者而言具备说服力,然后通过与使用者的合作产生他们认为恰当的证据和论点。

正当性体现对公平、无偏和尊重的感知

潜在的知识使用者是否认为知识生产者在通过一种尊重他们价值观和信念的方式,真诚地给予他们帮助?或者,他们是否将专家视为自居家长地位的"万事通",在他们心目中,专家只不过是对所谓"正确"的做事方式抱有僵化的预设观念?农业技术推广研究员(extension agent)发出迫在眉睫的虫灾预警,他是真心想帮助农民吗?还是(或同时也是)因为付他工资的是杀虫剂销售商?

正当性是对知识的信任领域最微妙的维度。科学家喜欢自诩客观中立、不偏不倚,因此在科研中毫无偏见、歧视(unbiased)。但事实上,即便只是科研刚开始的选题分配阶段,他们就经常得在不平等的斗争中选边站队,其中某些团体在议程架构的设置上比其他团体拥有更多的权力(政治的或财政的)。举个例子,在20世纪80年代中期至20世纪90年代,本书作者中有两人在从事气候变化研究。当时美国政府已经开始对气候变化物理学研究提供支持,但如果是对此类变化的社会反应和脆弱性进行研究,那是拿不到政府资助的。即使到了今天,研究森林砍伐对水电影响的科学家在人数上也远超反方向上的研究者,后者的课题是水电开发对为此而搬迁的森林资源使用者造成的影响。这种选题上的偏倚意味着研究成果往往不是均匀发光的——"是金子总会闪光"并不成立,有时候打光本来就只会聚焦在那些权贵和富人想要的主题上,后者自然会发光发亮、夺人眼球。知识生产者

如果想要所有的利益相关方都认真对待其发现，那他们必须先在科研课题的选择和研究方式上体现公平。

偏见与歧视问题甚至比上述公平性问题更棘手。可悲的事实是，许多知识供应者被知识使用者视为"卖东西的"，后者还认为大多数情况下这些"东西"运作起来是为了帮助卖家而不只是对买家有用。这种情况的产生可能来自科学家或倡导者敝帚自珍的想法（pet idea），他们真诚地希望能帮助推动可持续发展，但并未仔细考虑将要进行具体开发工作者的处境。有时，"卖"成了字面意义上的王婆卖瓜，在极端情况下，潜在的使用者会遭受专家建议的轰炸，后者喋喋不休地告诉他们应该如何改善生活，但最终会落脚在向供应商支付改善费用的要求上。若客户评估交易后认为这些改进物有所值，那事情还算顺利；一旦客户认为所谓"改进"并不值这个价，又发现自己无法终止付费，那么事情就陷入了麻烦。

鉴于知识生产者和提供者通常会同时展开多重议程，在充分信任生产者的建议之前，潜在的使用者希望能看到证据，以表明生产者是站在自己这边的，或者至少是中立的，这种需求是完全合情合理的。总的来说，这种信任的担保证据来自长期的合作历史，在此过程中，知识生产者通过对潜在使用者一贯的尊重和关注来确立自身的正当性。平流层臭氧案例为这种关系的展示提供了极好的例证。来自多国商界、学术界和政府实验室的学者参与了针对臭氧问题的科学评估，这为条约谈判人员提供了担保：他们在谈判中收到的科学建议不是为特定参与方的利益服务的，比如说某个或某些公司、国家。

通往正当性的"更短"路径也是存在的，这对刚开始着手解决新问题的知识生产者来说相当幸运。通常情况下，这种捷径涉及与知识使用者社区公认的公平无偏者进行合作，正如雅基河谷案例研究所示，斯坦福大学团队与其他优秀科学家合作，后者拥有渊博的地方性知识，是深受当地农业社区尊敬的朋友。

关键处在于,离开正当性的知识就不可能获得他人的信任。研究者不能预设自身产出的知识具备假定的正当性,但理应为其积极寻找并获取实实在在的正当性。

障碍和桥梁

我们认为,当用户认为新知识及其产生过程具备突显性、可靠性和正当性,这些知识就更有可能被他们信任并据此采取行动。接下来,我们将讨论哪些因素会阻碍具备影响力的知识的产生,以及如何克服这些障碍。

合 作 事 业

联结知识与行动的共同障碍被称为生产者和使用者之间的"相互不理解"(mutual incomprehension)。在本章的导言中,我们谈到了这个障碍。对于要解决的重要问题、解决这些问题的可用选项、评估备选方案适用性的可靠标准,作为生产者的科学家和工程师的观念与作为使用者的实践者和决策者截然不同。

在"流水线"或"技术转让"方式中,专家并不承认这类相互不理解的存在。在这种方式中需求、选择和评估标准的问题通常都由知识生产者来指定(和假定)。研究得出的答案则被"抛出藩篱"(tossed over the fence)交给决策者和其他一线参与者,并附带着被采纳的希望和期待。国际社会为尼泊尔灌溉系统带来现代工程解决方案的最初尝试就反映了这类做法;如今许多新技术的发展也同样如此。

这样的流水线工程已经取得了一些成功,特别是当科学家和工程师对其试图帮助的使用者的福利有深刻且长期的兴趣,并由此理解实现目标的真正所需时。然而,更常见的流水线模型(专家将信息传递给使用者和假定的使用者)中,所谓专家则是事先就设定好了关于可信任知识生产的单一或多个标准的整体轮廓。在这种情况下,生产者可能会误解用户的需求,因此,就像前文描述的改良炉灶案例那样未能满足突显性标准。另一种情况是,在建立新技术或实践的可靠声誉方面,专家可能无法理解,统计显著性

(他们心目中的可靠性标准)在使用者眼中的重要性可能尚不及在邻居田地里的成功示范。最后,科学家和工程师往往还无法理解,仅凭自身的善意并不足以证明其建议的正当性。

成功地将可持续发展的知识与行动联结起来的实践项目,会通过使自身成为一种合作的事业来应对相互不理解的挑战。知识的生产者和使用者共同努力以确定需求,然后设计满足需求的可能方案,根据双方商定的标准评估备选方案的性能。从这样的合作实践中诞生了雅基河谷项目的最终成果,当地的农民、农村信用合作社与来自国家和国际研究中心的科学家及其他当地和外国科学家相聚,提出问题并测试选项。这类合作事业不仅使其产品(如关于规划和干预措施的协议)变得更受信任,而且增加了参与者对这些产品的所有权意识和接纳它们影响的意愿。

系统事业

将知识与行动联结起来的第二个常见障碍是知识生产事业的“碎片化”。刚刚讨论的事业合作性可以确保知识的生产者和使用者观点一致。然而不幸的是,这种知识生产过程往往需要许多不同领域知识的贡献,通常来自不同的科学家或工程师。如果多个生产者的活动无法进行整合,那么其总体的实践表现很可能也无法满足使用者的需求。例如,19 世纪的伦敦引入了冲水马桶,此时如果没有配套的下水道系统就将粪便从城市供水系统中迅速移除,情况便会变得着实危险。在雅基河谷案例中,我们讨论的绿色革命产生了新品种的氮响应(nitrogen-responsive)作物。[*]如果没有之前出现的哈伯－博施法(Haber-Bosch process)工艺创新,该类作物就会毫无价值,因为前者的工艺能利用空气中的氮和氢反应来制取氨,从而制造廉价的氮肥。当前的光伏发电系统效用有限,这是由于缺乏易充电的廉价电池来充当电能存储器。

---

[*]　添加一定量的氮肥后,氮响应作物的产量增长要高于其他作物。

上述例子及其他例子都表明，个人做出重要的发现或造出符合使用者需求的发明，都只是更为复杂的创新系统中的一部分罢了。除非该系统的所有部分都已充分就位并能合理地进行协同工作，否则即便一项研究对促进可持续发展的潜力再高，最终只不过又是一个无法跨出实验室的新奇玩意儿或埋没在图书馆中的另一篇文献罢了。成功的创新所需要的集成整合是很难实现的。大学里的大部分研究者不会接受关于某种有用产品最需要的零件这样的研究任务"订单"。政府机构和实验室仍然各自为政，是直上直下的烟囱式（stovepiped）结构。甚至像国际农业研究中心（IARC）类型的组织那样，其成立目的就明确表示要为大规模改进农业技术提供帮助，然而该组织也被发现在几种期望之间出现了撕裂：众多科学家想在研究中追踪学术前沿；资助者想在发展道路上支持特定的意识形态；为了运用新旧知识来适应世界各地的现实条件，迫切需要更多的日常工作。

如何改进可持续发展的创新体系？一种有希望的途径是更加强调使用驱动型（use-driven）或解决方案驱动型（solution-driven）创新方法。这并不意味着放弃这类尝试——先从发现和发明新知识开始，然后再去寻找新知识能提供的有益应用；但这确实意味着要与这些有待解决问题的其他关注者一同努力互补，并以与使用者相关（突显性）的方式反向发力，从实践问题出发倒过来发现或发明解决问题所需的知识。

美国国家海洋和大气管理局（NOAA）设立的区域整合科学与评估（RISA）项目提供了一个很好的例子。[5]NOAA 在气候变化与变异性（variability）方面的基础研究能力无疑是 RISA 项目的基础，但该项目并没有坐等使用者提出气候预报（climate forecasts）的需求，而是在美国各地的多处区域设立了项目办公室，与当地的决策者合作确定这些区域面临的气候相关具体问题。RISA 项目团队被召集起来负责提供信息、工具和建议，支持决策者制订针对特定问题的解决方案。项目成果是改进后的管理行动能更好地应对滨海紧急情况、森林火灾、水资源和其他严重的地方问题。

这种使用驱动型创新系统以可持续性为目的,确实需要拥有资源的中央管理者来确保该系统在流程中的所有阶段都得到支持。但这个管理者角色不仅可以由 NOAA 等政府组织通过 RISA 项目发挥作用,如果得到充分资助的话,大学社团、非政府组织和公共私营合作制(PPP)组织也可以发挥作用。联结知识与行动的关键是将其视为一种系统性的创新问题,而不是强调由哪一个组织来进行这项工作。

适 应 性 事 业

将知识与行动联结起来的第三个障碍是知识生产者常常在异质(heterogeneous)的动态世界中过度寻求"一刀切"(one-size-fits-all)的静态解决方案。在图 4.1 总结的治理框架中,"适应"所占的比例看似过高,但这种画法其实理由很充足:追寻可持续性是一场与"未知"展开的摔跤赛,无知、错误、意外事件和动态变化的游戏规则无处不在。成功地将知识与行动联结起来的实践也是以动态方式起作用的,将其视为一种适应性事业,有助于我们在遭遇这样一个存在空间差异与时间变化的世界时从中学习。

现实中成功的适应比它应占的比例要少。根据我们的经验,在追寻可持续性的过程中有几种障碍显得尤为棘手。首先,成功的适应通常需要先承认自身的错误。大量的个人与组织宁肯选择坚决否认自己犯下的错误,部分出于个体原因,部分是担心一旦承认就会遭受这样或那样的惩罚。结果,他们自身和其他人从过去的错误中吸取教训的机会都被剥夺了,因此我们的认知也没有作出应有的调整。每个人都能举出这种病态现象的例子。我们在第 1 章介绍的伦敦案例就包括数种病态情况,其中最极端的可能是当年顽固不化的科学界与医疗界拒不抛弃错误的"瘴气"致病理论。我们的亲身经验包括:有"黏性"的炉灶设计,即便都能看得出它不起作用,但专家团队还在不厌其烦地向农村社区推广(专栏 5.2);误导决策者的鱼类和森林自然资源的清查规程长期存在——哪怕规程中的测度存在系统偏差这点早已被揭露,削弱了清查结论的可靠性。此类现象的清单无穷无尽,可以一直列下去。

知识与行动之间互作的另一个障碍是缺乏互相学习的场所。当今某个地方面临的可持续发展问题,大多数都是其他地方早已遇到过的。学习成功经验的平台众多,包括期刊文献、网站、最佳实践奖等。然而对因犯错而失败的尝试进行有益的教训剖析的平台则少之又少。这种情况不仅反映了个人和组织不承认以前所犯错误的抗拒心态,而且可能反映出一种对企业可持续发展将要面临的风险和不确定性程度的根本误解,以及直面错误的积极心态对可持续发展推进者的重要性。

当可持续性作为一种适应性管理时,为了促进其相关知识的生产,可以采取哪些实践步骤呢?我们在第4章讨论了作为社会–环境系统的一种通用治理方法的适应性管理,显然,这种方法必须坚定地致力于从错误中学习。实现这种学习需要"安全空间"以提供一种支持而非惩罚失败的环境,合作伙伴可以在这类环境中共同努力,为推进可持续发展目标联结起知识与行动。我们发现,大学和国际研究中心尤其有机会来提供此类特殊安全空间。它们优于大多数政府或私人实验室之处是:可以在处理政治敏感问题、保护科学家免受不当压力、设计评估机制奖励冒险性探索等方面提供支持环境。维持此类环境条件相当困难,但它们确实至关重要。如果想追寻可持续发展的知识,你应该找到一个这样的环境,在其中开展工作。

与此环境相关的第二个实践步骤是制订衡量标准和评估程序,要奖励学习过程本身而非成功的结果,惩罚隐瞒错误者,奖励直面错误者。一位管理工业研究实验室的同事告诉我们,如果他手下的科学家和工程师报告实验成功率高于30%,他就会督促他们去承担风险更高的实验。我们不知道在哪所大学的院系或哪个研究资助机构里,70%的失败率会写进宣传册或基金申请书,成为值得吹嘘的事情。然而,从麦克阿瑟基金会*到美国国防高级研究计划局(DARPA),再到 X 大奖的赞助商**,越来越多的老牌研究资助者都在支持风险性更高的激进创新。围绕着"快速失败"(fail-fast)***式创业文化和风险投资建立起来的当代组织也同样如此。这些都是好的迹象,为更多关心可持续发展的人提供了可效仿的模式。

政治性事业

将知识与可持续性行动联结起来的第四个障碍是研究者倾向于从技术角度看待核心挑战,而事实上,这种挑战的内在也是政治性的。正如我们之前所讨论的,创造适当的知识并推进其在可持续发展中的运用,这是一整套过程,需要利益相关方的参与、面向解决方案的创新及适应性学习。但归根结底,这也是一种政治过程。许多研究者十分抗拒"科学与政治可以混合"的观念,但当知识能够突显社会中参与者的利益所在时(无论是作为可以买卖的发明,还是作为可以推进某些议程而削弱其他议程的发现),知识就会成为力量 / 权力。知识的生产者和使用者,无论他们自身意愿如何,都会成为政治性事业的参与者。在上一章,我们探讨了治理作为权力的知识的内涵。在此,我们试图通过研究表明,在可持续发展经常被政治化的世界里,科学家可以做什么以更好地联结知识与行动。

合作行为不可避免地具有政治特征,知识的生产者和使用者对这一点

---

* 麦克阿瑟天才奖的设立组织,该基金会的命名是为了纪念美国最大的私有保险公司之一银行家人寿及伤亡公司(Bankers Life and Casualty Company)的创始人约翰·麦克阿瑟(John D. MacArthur)。

** X 大奖基金会由戴曼迪斯(Peter Diamandis)创建,奖项提供赞助冠名,如安萨里 X 大奖(由自费太空游的首位女游客 Anousheh Ansari 冠名赞助)和谷歌月球 X 大奖。

*** "快速失败"原本指软件开发中的一种设计原则,即在程序的执行过程中一旦出错误立即报告并停止执行程序,这样可以避免后续代码产生更严重的问题。在硅谷等地的连续创业者语境中,快速失败则是精益创业策略的一部分,即通过快速且低成本的试错来迭代逼近正确方案,因此,快速失败常与最小代价失败(fail-cheap)并列。

应该努力提高认知并进行更明确的反思。我们这些可持续性的追寻者需要承认,几乎任何能突显可持续性的研究都具有一种潜力,那就是在关于再分配的辩论中增强某些利益相关方的论点,同时削弱其他利益相关方的论点。因此,研究者必须时刻准备着向自己、同事及他们工作所在的组织阐明在决定研究议程时应如何处理权力不对称问题。研究组织应当支持甚至要求进行这种反思性对话。为研究者设置激励结构的人(资助方、编辑委员会、职称晋升评委会等)需要特别注意集中精力满足弱势群体知识需求的人,在这样的实践行动中,前者应确保后者能够因其选择得到支持而非惩罚。联结知识与可持续性行动的实践具有政治性的一面,而这会对实践成果的可靠性造成威胁。之前在适应性问题的讨论中引入过"安全空间"概念,通过扩大此类空间的供给可以部分抵消上述威胁。

关于正当性议题,考虑到政治如何影响人们对知识的生产和动员(knowledge mobilization)过程的感知,慎重而细致地关注该问题有时可以成功地向全体利益相关方提供保证——结果是相对无偏的,并以此构建合作行动的公平基础。尼泊尔案例中描述的关于灌溉系统的设计和维护进行社区协商,提供了这样的例子。前述臭氧层保护国际行动中,由成功的知识动员提供了有力支持,这是另一个好例子。这两个例子和其他相对成功的案例为实现在政治背景下联结知识与行动奠定了基础。但想要在其他情况下完成这项任务,我们离归纳出一套可供推广的通用指南都还差得远,更不用说什么教学传授体系了。

***

对通过联结知识与行动来助推可持续发展的过程,我们提出了若干项改进与修正建议。但在知识不完整、利益多元化、环境不断变化的现实世界条件下,如何实施并维持这些改革措施呢?我们的经验尚不足以产生"银色子弹"*,但它确实表明了"边界工作"的极度重要性,这是一种主动构建可信任知识的方法,我们将在下一节描述其特征。

边界工作的核心地位

本章讨论了联结知识与行动以推进可持续发展的经验教训,吸取这些经验教训后应该如何运用到实践中,从而产生值得信任并因此具备影响力的知识呢?一如既往,有效策略的细节取决于具体的环境背景。不过,不断积累的证据也在表明所有此类策略的必要组分是有效的**边界工作**。边界工作意味着这样一种过程:通过基于实践的知识和其他形式的知识,"研究团体管理并调整他们与采取行动、制定政策者的世界之间的关系"。[6]边界工作的中心思想是:不同的参与者对"什么构成了可信知识"的看法存在差异,这种差异又会在他们彼此之间的沟通界面造成紧张。如果社会想实现知识潜能带来的好处,就必须有效地管理这些紧张关系。科学界与实践行动界的分隔边界渗透性太小,这意味着科学从实践中学到的太少,并且对实践的贡献也太少。另一方面,完全溶解掉边界也是不妥的,这可能会使科学无望地滑向彻底政治化,而政治过程和政治家则被视为傲慢且靠不住的技术统治(technocracy)的传声筒。因此,我们需要积极开展边界工作以有效管理利益相关各方的沟通界面,使其参与到利用知识推进行动的实践中来。

就可持续发展而言,专家/研究者群体和参与决策的广大利益相关者群体之间显然需要不断进行联系;利用知识促进可持续性行动的实践需要这种联系。然而,对两个群体来说,这都是种相当重大的挑战。在科学-政策界面上工作(更普遍来说就是在知识与行动之间斡旋以求调解,从而促进更好的决策)往往超出了研究机构的目标范畴,因此基本上没人受过相应的培训来完成这项任务。不同的群体有不同的文化、不同的语言、不同类型的证

---

* "银色子弹"一词原指欧洲传说中金属银有驱魔效果,所以纯银或镀银的子弹是吸血鬼和狼人等怪物的克星,后被用来比喻极其有效的解决方案,类似汉语中的杀手锏、王牌等。

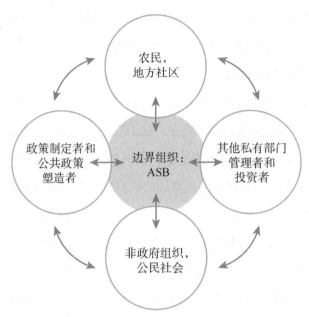

图 5.1　涵盖不同文化和不同群体的边界工作①

据,当多个利益相关者群体和多学科的科技专家也参与进来时,跨文化的挑战就变得更大了。什么是值得信赖的知识? 这些群体对此持不同的看法。尽管如此,架设桥梁跨越这些各式各样的边界是至关重要的。因此,在不同文化群体之间的界面上进行的边界工作是可持续性转型的核心。

　　图 5.1 说明了边界工作在一个国际实践项目中的地位,在热带湿润地区,为了管理人类对森林 – 农田交界带的使用,需要设计可持续性更高的生产方式。在这种情况下,国际农业研究磋商组织(CGIAR)的"刀耕火种替代方案"(ASB)项目发挥了关键的边界作用,[7]CGIAR 联合体曾帮助促成绿色革命。ASB 项目紧随 1992 年的联合国环境与发展会议(UNCED)被组织起来,当时面临着联结知识与行动的巨大挑战。首先,相对于采取行动的迫切性来说,作为有效行动基础的可信知识方面是严重滞后的。关注热带森林砍伐问题的活动家和国际项目创业者(错误地)认为,刀耕火种式农业是导致问题产生的主因,于是他们将(误导的)诊断结论嵌到了原本旨在调查

问题的项目名称中。其次,正如尼泊尔案例显示的那样,关于森林 – 农田交界带的可持续与不可持续使用,研究所需的大量知识早已内嵌在遍布全世界的各种地方性做法中。然而,没有任何机制(甚至没有任何学术语言)能用来比较和学习这些地方性做法。再次,相关的学术研究散布在土壤学、热带生态学、经济学、地理学和人类学等学科的角落,而各个学科很少在热带的土地利用问题上进行合作。最后,热带森林边缘的土地利用议题具有强烈的政治性,国家主权、经济发展、环境保护和原住民权利等全都交织在一起。在高度政治化的舞台上,一个(错误命名的)项目应如何将不同形式的知识联结在一起并利用它们为行动提供信息?

答案是需要将 ASB 转化为图 5.1 所示的"边界组织"(boundary organization):组织开始将其核心使命视为提高知识生产与知识动员的突显性、可靠性和正当性,并以此方式把问题涉及的各参与方联结起来。ASB通过下列做法达到了目标:将项目扎根于遍布热带湿润地区的一系列本地研究点,在领导团队中纳入科学界和政策界都信任的本地领导,制订共同的现场协议以整合,促进基于本地现实的研究,毅然决然地让知识和行动群体的局外人参与进来,帮助反思自身的表现。经过 10 年的工作,ASB 已成为值得信赖的知识来源,不仅在其地方性研究领域是这样,而且在全球尺度上成为参加千年生态系统评估的核心成员。虽然其工作尚未完全解决热带湿润地区的森林 – 农田交界带上的可持续土地利用问题,但通过致力于边界工作,ASB 在解决这个问题的实践过程中大大改善了知识与行动之间的联结。[8]

在为可持续发展提供支持的更一般化场景下,为了帮助推进知识与行动间联结所需的有效边界工作,我们可以做些什么呢?由设立明确目标的组织践行此类工作,这样的榜样可不少。[9]在众多案例中,相关组织内部都会出现将边界工作视为关键角色的人。局外人同样可以通过更为非正式的方式来发挥这种关键作用。许多案例还涉及具体的产物,这在该领域被称

图 5.2 一个边界对象[②]

为"边界对象"（boundary objects），包括合作产生的报告、模型、地图、应用程序或标准等，这些对联合的群体都是有意义的，可被用于同多个利益相关方的沟通，并通过建立联系吸引他们参与决策过程。国际臭氧趋势小组的评估报告就是此类边界对象。如图 5.2 所示，另一个边界对象的例子是在热带森林管理的背景下发展出来的，类似 ASB 所处理的场景。

在印度尼西亚北苏门答腊省的巴丹托鲁（Batang Toru）河流域仍有约 11 万公顷的森林，这里是遗传上独特的猩猩（orangutan）种群的避难所。提议将该地区指定为国家公园意味着要求当地村民迁出。出于对农田 – 复合农林（agroforest）– 森林梯度的重视，为了不伤害并增强其稳定性，人们提出了替代性的保护战略。ICRAF/Winrock 团队和村民在修订草案过程中共同绘制了这幅示意图作为一种视觉陈述：复合农林中包括人类种植的橡胶树和自然建群的果树，两者共同构成了山上剩余的森林与村子之间的缓冲带。如图所示，猩猩将复合农林带视为栖息地的一部分而非对自身的威胁。在村民、地方政府和保护机构的谈判中，这幅示意图被印成海报分发，它充当了边界对象，为整合保护与发展的一体化梯度观点提供支持。

关于边界工作中孰成孰败的学术研究正在迅速增加。首先，研究表明，如果包括研究界在内的所有利益相关方都对结果负责，那么边界工作更有可能变得有效。因此，边界组织或个人如果能对问题的研究方和决策方"脚踏两只船"，并被两者都视为应负责任，将会有效地发挥作用。其次，此类组织或个人应能利用多个利益相关方的知识、技能和经验，将其纳入实用技术或政策的开发。诸多不同类型知识的一体化是至关重要的。最后，有学术研究表明，如果知识和边界对象的协同生产能够得到准许和鼓励，这样的边界工作更有可能成功地让新知识获得信任并被顺利地用于决策。

　　和我们一样，对在学术或其他研究机构工作的许多人来说，进行边界工作会是一种挑战——相当费时费力，且往往得不到雇主的欣赏与重视。寻找其他人来当边界合作者是个合理的解决方案，大学研究人员可以与行动导向型组织建立密切的联结，由后者带头推进合作与新想法的测试。让学术研究者进一步实现使用者导向的另一种方法是更好地利用课堂，将其作为探索合作学习机会的空间。一些大学已经开始对服务性学习（service-learning）课程的授课进行奖励。例如，环境政策、土木工程或野外生态学方向的课程可以与当地的政府机构、非政府组织或大学的建设运营部门开展合作设计，其成果不仅能令学生重视知识，而且会让知识有益于合作伙伴。其他研究组织正在开发行动装备以提供某些联结功能。我们需要在其他情况下开展更多的此类工作以充分开发知识的潜能，使其对追寻可持续性的行动做出更大贡献。

图表注释

　　① 图5.1修改自：S. Liu. *Strategic Typology of Impact Pathways for Natural Resource Management: A Case Study of the Alternatives to Slash-and-Burn Programme.* Report. © 2004 by the ASB Partnership for the Tropical Forest Margins at the World Agroforestry Centre. 2004. *经作者许可转载。*

　　② 图5.2出处：M. H. Tata, *et al. Human Livelihoods, Ecosystem Services and the Habitat of the Sumatran Orangutan: Rapid Assessment in Batang Toru and Tripa.* Project Report No. RP0270‑11. World Agroforestry Centre–ICRAF, Bogor, Indonesia. 2010. *原图由* Winoyo绘制。

第 6 章

后续步骤：为可持续性转型做贡献

为了解决反复出现的可持续性难题，我们每天都能看到创造性的尝试。围绕着可持续发展目标的共同愿景（宜居城市、资源利用、粮食生产、气候变化的缓解和适应及其他福利议题），从地方到全球，各类社群正在团结起来。大学和研究中心正在开发新的知识、工具和方法来实现可持续发展目标。决策者与研究者群体与其他利益相关方合作，关于这些知识、工具和方法的设计、测试和运用正日益增加。未来的领导者正在接受培训以了解联系、分析相互作用、参与治理过程、在地方尺度上领导本土变革，乃至在全球尺度上引领产生长期的改变。

对全球社会来说，好事正在发生，但要走的路还很长，前方还有一些艰巨的任务。对社会－环境系统进行的严谨审慎评估表明，它们正处于真正的危机状态。社群应对可持续性挑战的实践尝试需要得到极大的扩充与加强，需要所有人都参与其中。世界确实已处于转型期，但这种朝向可持续性的转型在未来必须比过去大力加快步伐。[1]

我们每个人都可以通过多种方式为可持续性转型做出贡献。学术界和研究机构（学生、教职员工、研究员和其他员工）都在从事知识业务，做贡献的方式可以是创造有用的新知识，也可以是培训参与转型的下一代领导者。社会中其他部门（跨国公司或家族企业，非政府组织，地方、州和国家级政府，军队）的工作者同样发挥着巨大的作用，往往表现为对阐明需求承担最大责任，并在决策和行动中运用知识。一如既往，许多工作都是由一线的决策者完成的：这些公民每天都在努力应对挑战，作出对自身、邻人和未来的子孙后代而言都合情合理的决定。在朝向可持续性转型的过程中，每个人都有自己的角色。

我们在本书中分享的观点旨在帮助个人，尤其是科学家个体，成为可持续性转型的**变革执行者**。我们提出了一个框架，将代际福利的可持续性目标与社会中的 5 项基本资产联系起来，后者最终决定了社会实现前者目标的能力。我们主张为了在社会 – 环境系统中实现可持续发展，应当重视对这些系统内部复杂相互作用的关注与理解，并意识到自身和他人的专业知识将如何对这种理解提供帮助。我们建议对制订协议和决定的治理过程加以评估，使社区能够共同实现目标，而这在单打独斗的情况下是不可能成功的。最后，我们想提醒大家关注的是，在各级层面上，决策者和其他利益相关方的合作过程中能开发出有效的知识、工具和途径的方法。

虽然这些基本观点旨在成为一种指南，帮助当事人理解概念、定义特征并解决个人生活和职业生涯中遇到的特定可持续性问题，但观点本身还是不够的，它们只是实现可持续发展所需更大工具箱中的一部分。每个人其实都有自己的工具箱，里面装着一套从经验和教育中积累而成的特定技能和知识，还有为做出重大贡献准备的某种思维模式。快速阅读附录 A 中的每个案例研究，你就会明白不同动机、不同主题的知识及不同类型的分析、推理和技能的重要性，但在每种社会 – 环境系统背景和每项复杂挑战中，具体的组合都有所不同。以本书的篇幅不足以详细讲解所有需要学习的知识和技能，我们希望读者在整个职业生涯中都能通过课程学习和经验积累来发展这些知识基础和技能。不过在本书的结尾，我们确实对可持续领导者（他们是变革的有效执行者）的思维模式进行了一些审思。

可持续领导者的思维模式

能够"催化"可持续性目标实现过程的领导者应该具备哪些特征？我们作为科学与教育工作者，有机会向许多不同类型（企业界、教育界、非政府组织和政府）的领导者提出这个问题。在此过程中，我们收到了相当一致的意见，清晰地描述出该领域的领导者无论是在地方还是全球舞台工作都应具备的思维模式。

第一，可持续领导者是系统思想家，他们寻求对自身工作所处的复杂社会 – 环境系统及更大范围系统的理解。要做到这一点，他们必须拥有开放的思想。当试图将对社会 – 环境系统的理解纳入决策过程时，他们形成了自己的多学科观点。与此同时，重要的是他们意识到自己所不知道的方面可以依赖他人的专业知识，从中能够继续获得成长，所以他们懂得尊重他人的不同认知和学习方式。为了实现群体目标，他们有能力建立和重建多学科团队与合作小组。他们具有包容性并构建起彼此尊重的集体合作过程。

第二，可持续领导者是深刻反思并具有适应性的思想家。鉴于社会 – 环境系统的复杂性，他们认识到自身思维使用的模型和方法可能不是世界真正的运作方式；他们会寻求替代模型，推动寻求更好的模型并对路径加以修正。他们与社群共同创造可持续未来的愿景，但在追寻这些愿景的同时也能认清现实。他们适应复杂性和模糊性，不断迭代，持续不断地学习并适应。

第三，可持续领导者有自知之明，对他人的福祉深表同情和共鸣。他们坚信，可持续性挑战的核心是跨越时空的人类包容性福祉。

我们的简短清单中的最后一项是大规模变革的创造和创新：可持续领导者受合作和战略驱动，通过跨越几代人的变革过程创造并实现能够最终改变社会 – 环境系统的新路径，并在地方和全球尺度上为人类福祉求变。这种变革需要时间，有效的可持续领导者会耐心地追寻。他们具备真实意义上的创新性，将自己视为实现可持续目标的创造性力量，这种力量不仅会影响他们自身、他们的社区和公司，而且会对世界各地的其他人及其子孙后代产生影响。

从意图到行动

根据本书中总结的观点、对可持续领导者思维模式的认识及个人的特定技能和知识，接下来我们要问的是：从意图到行动应采取哪些步骤？我们每个人都必须自行构建这个顺序，并且要做到这一点绝不存在所谓唯一的正确方法。不过，分享一些已经开启旅程的人得到的独有洞见也许会有好处。

玛丽亚·福龙达：秘鲁环境活动家

让我们先从玛丽亚·福龙达（Maria Foronda）说起。作为社会活动家，她为一家名为 Natura（意为自然）的非政府组织（NGD）工作，该组织位于她的家乡秘鲁钦博特市（Chimbote）。[2] 福龙达是位训练有素的社会学家，她一生的大部分时间致力于改善钦博特海岸生态系统中居民的健康状况。鱼粉行业的污染是这个社会 – 环境系统面临的最大威胁之一——这个行业将渔业副产品转化为动物饲料、肥料、防腐剂和其他产品。许多鱼粉工厂位于居民区附近，它们使用的是低效的老技术，无法在将浓缩的鱼体残渣（包括油、可溶性蛋白质和沸水）倒入环境之前清除掉生产过程中的大部分废弃物。污染给当地居民带来了严重的健康问题，包括真菌性皮肤病和呼吸道疾病，甚至在 1991 年暴发的秘鲁霍乱也与该行业的污染有关。在工厂附近的沿岸海域，海洋生物学家记录了不断扩大的"死亡区"，其中不存在任何生物。整个沿海地区的社会 – 环境系统曾处于严重压力之下（目前在很大程度上仍然如此）。

这就是玛丽亚当年所处的成长环境。玛丽亚对家乡的人民和自然环境遭受的不公待遇感到震惊，决心为捍卫社区福利而战。她决定去学习社会学，然后成为一名社会工作者，她认为这将是帮助人民解决所面临问题的有效方法。她在墨西哥完成了硕士学位，然后回到钦博特做义工，开始了社区活动家的职业生涯。她帮助当地成立了 Natura 非政府组织，其使命是促进人民的福利和保护他们所依赖的生态系统。通过 Natura，她和本地居民组织起现状调查团，查明污染来自哪里、由什么组成及造成了什么危害。在当地研究者的帮助下，他们记录了鱼粉生产造成负外部性的严重程度。她动员当地社区成员广泛采取集体行动，对鱼粉公司进行抗议，并向工厂施压要求减少污染。

强大的鱼粉行业和支持该行业的政府官员并没有忽视她的行为。1994年，他们指控她与游击组织共谋，法院判处其夫妇两人 20 年监禁。但由于国际上对秘鲁施压，他们在 13 个月后获释。在狱中，玛丽亚不仅获得了国际社会对她在秘鲁沿海地区污染防治工作的认可和支持，而且意识到需要采取新的行动方式来更有效地解决污染问题。她总结说，自己早年的激进主义策略（主要以对抗性抗议和针对强大行业的指控为特征）已经行不通了。欧洲和北美的非政府组织与私营企业进行谈判，并参与同后者的联合规划和合作项目，成功地提升了私营部门的社会责任意识。受到这些组织工作的鼓舞，她深信 Natura 实施该战略的时机已经成熟。

这种新方法带来的成果是显著的。8 家主要鱼粉公司决定投资更清洁的技术，因此行业污染大大减少。污染的减少和当地人关于污染知识的增加促使健康问题的减少（尽管远未根除）。为了说服这些公司改变行事方式，玛丽亚和她的组织到底做了什么呢？

在接受美国的环境类网站 grist.org 采访时，玛丽亚解释说，通过她的团队与公司的接触，很明显"投资清洁技术是有利可图的。它减少了整个生产过程的损失，节省了原材料，提高了生产率，降低了成本，而且不会损害环境或社区健康"。[3] 玛丽亚与其同事还指出，国际市场正在发生变化，对生产者环境记录的关注度越来越高。经过几年的不懈努力，社区团体、鱼粉生产商和政府建立起独特的伙伴关系，可持续性更高的鱼粉生产商业实践因此得以实现。

雷·安德森和英特飞地毯

让我们再讲一个故事，这次是关于英特飞地毯公司（Interface Carpet）创始人雷·安德森（Ray Anderson）的故事。安德森先生于 1973 年创立公司，2011 年去世，但他的遗志仍然在公司的使命和文化中长存。起初，该公司的经营方式与许多其他工业制造商一样——将所有废弃物送往垃圾填埋场。虽然在生产过程中使用了 900 多种有毒化学品，但除了利润目标，公司根本不考虑自身与世界之间的关系。[4] 然而到了 1994 年，在阅读了霍肯（P. Hawken）的著作《商业生态学》（*The Ecology of Commerce*）后，雷成为一名可持续领导者。他分析了包括自家业务在内的社会 – 环境系统，确定了数个可以取得进展的主要领域。关键点是，他召集了所有员工来发挥才能以完成这项工作。通过内部计划项目如 "使用员工建议和团队合作提升质量"（Quality Using Employee Suggestions and Teamwork, QUEST），雷培养了多方面的团队来创造性地解决问题。从工厂里的工人到最高管理者，任何人都可以在同一个团队中思考特定的挑战（如设计新的节水型纤维染色系统）。通过这种方式，他和员工推动了英特飞地毯实现多重目标，包括消除浪费、只创造良性排放、产品的回收与循环，以及重新设计地毯业务，使其专注点从生产转向服务。[5]

自 1995 年以来，英特飞地毯在可持续性愿景方面取得了重大进展。通过营造包容性企业文化，鼓励所有员工提出建议并解决问题，该公司成功地使废弃物减量 60%，温室气体排放量减少 78%。地毯织机被重新设计，生产过程耗水量每年减少了 100 多万加仑（约 3785 立方米）以上，还发明出一种用于分离地毯块（carpet tiles）的正反两面且可循环利用的系统。公司范围内的一切东西都会尽可能以某种方式重复使用，甚至连洗手间的纸巾都会被用作燃料。[6] 长期以来，英特飞地毯一直在地毯中使用回收的塑料瓶，不过在 2011 年，公司开始将部分尼龙改成从菲律宾采购的废弃渔网中获取，这有助于消除浪费问题，同时扩大了回收材料的来源。[7] 虽然节能和节水措施能够为公司节省资金(2005 年节省了 4 千万美元),但使用回收材料的生产成本仍高于制造全新的地毯。尽管如此,在过去的 15 年里,英特飞地毯的总销售额增长了 66%,利润增长了 28%。从财务角度来说,这家公司肯定是可持续的。[8]

英特飞地毯计划到 2020 年实现“零影响”(zero impact),但它仍面临许多挑战。公司的目标是创造持久耐用且最终能无害降解、回归地球的材料。这当然是技术上的挑战,但行业、社会标准和规则(如对地毯阻燃性能的强制规定)也会阻碍进步。

缺乏可持续性较高的供应商(如织物染料供应商)是英特飞地毯正尝试应对的另一项挑战。克服这些障碍将使大规模的变革成为可能,如今,更多的制造商正朝着“循环经济”(circular economy)的方向发展。[9]

雅基河谷案例研究团队

作为最后一个例子,让我们回到雅基河谷案例研究,反思参与其中的研究者如何将意图转变为行动。

在这项合作实践之前,我们的科学家领导者已在自己的学科领域内进行了独立性很高的工作,包括生物地球化学循环与全球环境变化、粮食生产与扶贫及发展中国家的农艺创新。我们将这些学术兴趣点结合起来,意图为雅基河谷的可持续发展做出贡献,但我们也希望能在全球尺度上影响农业及其对人类福祉和环境变化的冲击。我们希望在地方和全球尺度上都有所作为。

我们从一开始就意识到,了解社会－环境系统的整体而非仅限于其中的一部分,这是相当重要的。但我们也意识到,在这方面如果只是试图将不同的研究成果“黏合”在一起,就不会取得成功。恰恰相反,我们需要一起提出研究课题,并且这种共同研究与任何个人的单独研究都不一样。出于对彼此专业知识的尊重和信任,我们作为团队进行合作。我们心胸开阔,愿意相互学习,也愿意向河谷中的伙伴学习;我们参与了这项为期 15 年研究工作的集体合作领导。

我们还认识到与决策者接触的重要性。奥尔蒂斯－莫纳斯泰里奥（I.Ortiz–Monasterio）住在雅基河谷，他是我们的农学同事，也是我们的关键边界人物之一；他为农民所熟知，也是研究界值得信赖的成员。他会在有必要的时候提醒研究团队，我们谈论的不仅是研究成果，而且是人们的生计和福利。在参与当地的社会－环境体系时，他给了我们所需的可靠性和正当性，并最终帮助我们将关于河谷的对话关注点从提高农业产量转变到现在这种至少包括了可持续性的拓宽范围。

这些过程需要时间和努力，且要从未能理解该地区的失败决策中吸取教训，认识到关键决策不仅是由农民做出的，而且会由他们的信用合作社做出，当然，决策者还包括州和联邦的政策制订者——其中许多人本身便是农业社区的一员。随着对此处治理体系的了解，我们认识到处理权力动态是一项多么有挑战性的工作。由于非农业领域的声音很少被听到，而且许多环境问题对农业社区来说是隐形的，因此需要花费时间来改变对话。有趣的是，我们进行的研究揭示出以前处于隐形状态的问题，并在一定程度上改变了对话。如果没有国际资金来源［如国际玉米小麦改良中心（CIMMYT）、帕卡德基金会、其他美国基金会和机构及斯坦福大学］，某些研究是不可能开展的。知识就是力量，研究资金的充裕与否可以决定在对话和决策中我们掌握的已知范围，从而决定了我们可以使用的手段范围。

最后，我们关心的是"尺度推展"（scaling）——我们想确保在此处奏效的解决方案也可以扩展到其他地区，我们开发的模型、技术和方法不仅能够在这个地方和这段时期有用，而且在许多其他地方和时段也有用。我们发表并共享了我们的方法，我们通过奥尔蒂斯－莫纳斯泰里奥博士及其团队的其他成员与国际研究组织合作，努力将这些方法推广到雅基河谷之外。这项工作还没有结束，而且永远不会结束，但毫无疑问，朝向可持续性的转型正在取得进展。

***

雅基河谷团队和本节讨论的其他领导者学到的重要道理是：可持续性无法轻易获取，必须通过努力工作才能实现！世界不断变化，新的挑战不断出现并改变着游戏规则，一些看似聪明的捷径在现实中根本走不通。但前进的每一步都很重要，而且越快越好。仅有好的意图是不够的，每个人都需要朝着可持续性的方向践行后续步骤。

成立专注于高新技术的各类新公司——"绿色"清洁剂、高效肥料施用技术、太阳能系统、通过生物技术开发的新材料或者使节能更易实行的信息技术，这些都是值得关注的行动。但个人行动如减少开车、减少吃肉、堆肥与回收、在华盛顿或纽约开展气候行动游行等也同样关键。科学和技术相当重要，但我们作为这本书的作者担心在过度关注知识和创新增量带来的潜在利益的情况下，存在这样的风险：自己成为资产继续不断枯竭的同谋，最终危及当代和未来人类的生命和福祉，还危及与我们共享地球的许多其他物种。正如阿马蒂亚·森所指出的，"知情的明智鼓动"是必要的。他写道：

> 应对我们在许多不同领域面临的挑战——从人口增长到物质消费的激增和浪费行为的扩散——需要的不只是技术性的巧妙建议。科学分析作为至关重要的第一步……也应引领更广泛的交流、商议和知情的明智鼓动。[10]

从意向到行动：在大学背景下

考虑到笔者几人在 3 所大学担任教职，且本书的很多读者可能是学生和教师，我们有必要对学术界从意图到行动的必经步骤进行反思。

首先，很明显的一点是，几乎每个学科都在追寻可持续性的过程中发挥了作用。深入某个特定主题的专业知识通常是必要的，但孤立的"筒仓"式（siloed）知识和技能也可能限制发挥。就我们所知，能够理解并尊重其他类型的知识与不同的认知方式，并认识到它们如何与自己的知识和认知方式相互交叉和相互作用，这种能力是将知识与可持续性行动联系起来的绝大多数有效实践的核心组分。如今，许多大学正试图打破樊篱，创建跨学科的院系与跨校的研究所，鼓励多学科互动，为教师创造共同开展研究和教学的机会。此外，为专注于可持续性挑战而设立的跨学科教育项目也日渐增加。可持续性科学正在成为公认的新兴多学科研究领域（尽管不一定总是用这个名称出现），这种得到认可的方式与 20 世纪出现的多学科领域科学如农业科学（agricultural science）和健康科学（health science）类似。

大学应如何使学生能为实现可持续发展目标做最好的准备？在某些大学中，学生可能会攻读跨学科的学位课程，这些课程与物理科学、生物科学、社会科学、工程学乃至人文学科都相关。在此类课程中，同时进行对某些知识的广泛涉猎及对另一些知识的深入钻研，被公认是十分必要的。另一些学生攻读的是范围更窄的专业学科课程，但他们也能通过在课堂、研究型实验室及现实世界开展多学科团队实践，寻求与他人进行知识整合的机会。体验式学习能让学生与决策者共同界定问题，是众多此类教育过程的核心部分。学生与决策者的合作、实习、实践、团队研究项目和公共服务过程中的学习都是体验式学习的实现机制。

在学术界，参与可持续性科学（无论冠以何名）的创建或教学都可能在同事间引发富有挑战性的讨论，后者认为，“纯粹”的智力追求才是大学的唯一或最重要的角色。在学术研究中，许多人都面临着权衡问题，我们既有责任去发现世界上的新事物，为一般性学习做出贡献，也有创造知识的愿望，想去为设计、实施和测试可持续性的实用方案提供直接的帮助。在一些大学和资助组织中仍然存在关于“基础”研究与“应用”研究的价值之争，在某些地方学术奖励会更倾向前者。

在试图解释可持续科学领域的研究时，我们发现斯托克斯（D. Stokes）对这场辩论的分析最有助益。如图 6.1 所示，研究要么侧重于发现问题，要么侧重于解决问题，抑或两者兼备。毫无疑问，可持续性科学既建立在单纯为发现而进行的研究探索（即纯"基础"研究）基础上，又采用了纯"应用"学科的方法和工具。但我们发现，最令人兴奋的可持续性科学是以"应用引发的"研究（"use-inspired" research）为**中心**的，它同时有助于发现与解决问题，并促进这两种研究形式之间的互动。根据我们的个人经验及许多同事的经验，我们知道两者兼顾是可以做到的，而且往往像巴斯德(L. Pasteur)那样同时进行，这成为斯托克斯提炼"应用引发型研究"概念的原型。*可持续性科学（涵盖最广泛意义上的社会科学和生物物理科学、医学科学和工程学）是此类应用引发型研究的全新研究领域，其中充满了发现的机会，也为保护人类福祉和地球的生命支持系统做出了有意义的贡献。

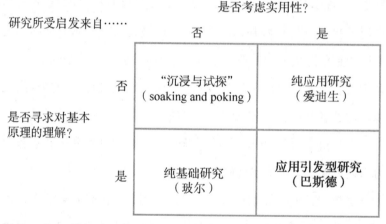

图 6.1　应用引发型研究是可持续性科学领域的核心[①]

除了在大学中进行的关于科学（或知识生产）类型的争论，我们还经常面对同事和公众的担忧与挑战，因为在他们看来，我们因为要演好倡导者的角色而牺牲了作为科学家的角色。学术界普遍认识到，今时今日所谓纯粹的客观科学并不存在。至少，研究领域是我们的主观选择。我们在选择研

---

*　因此斯托克斯的相关著作书名是《巴斯德象限》（*Pasteur's Quadrant*），具体解释参见图 6.1。

究领域时主要出于个人对某一主题的科学兴趣，但与此同时，我们也会受到公众认知、资助机会及自身的信念和由忠于信念生发的奉献承诺的影响。尽管如此，大学内部的辩论有时也暗示如果研究不能做到回避利益相关性，那它就不可能是一项好研究。然而，"研究者应该在中立的环境下工作并且利益无涉"这种说法，对于我们这些研究可持续性问题的学者而言是站不住脚的。相反，我们会拥抱"自己的研究具有重要的社会意义"这种想法，并坦承自己在乎结果表现的好坏！因此，我们面临的最大挑战之一是如何继续忠于科学并做出高质量的研究：如何做到避免把重点放在围绕"我们是正确的"产生的一厢情愿式自证上，严格测试我们的知识，找出缺乏理解之处，并继续学习和探索什么措施更有可能见效。我们试图向学生表明，研究同时做到既在实践上兑现承诺也在科学上质量优秀，这不但有可能，也确实十分必要。

总结思考

人类"实现可持续发展"的潜力是布伦特兰委员会 30 多年前的预言，围绕着这一预言在未来能否实现，人们争论不休。在这场辩论中，乐观主义者将人类历史的相关章节解读为通过一系列"恰好及时赶上"的适应性反应（通常利用的是人力资本、知识资本和制造资本）来解决日益突显的环境匮乏和限制。悲观主义者的看法则截然不同。他们的历史课侧重于环境导致的社会频繁崩溃，讲述的故事是技术如何教会我们去更有效地干坏事。

作为本书的作者，我们是如何看待这场辩论的呢？我们又如何看待对可持续性的追寻？我们认为世界早已开始朝向可持续性转型，但这一进程还能进一步提速，而且必须实现提速。我们相信，如果对作为包容性福利最终决定因素的基础资产存量（包括但不限于大自然与其基本生命支持服务）加以关注，那么在明智的使用方式下这种服务可以持续下去，增强可持续发展前景的实践尝试将取得更好的进展。我们发现，人类最近的发展成就确实令人鼓舞。它们表明即使承认相互关联性（interconnectivities）和复杂性的存在,也仍有可能在大范围内解决长期存在的难题。我们期待在不久的将来,所有人的健康和机遇会得到改善,从而使世界人口趋稳乃至下降,提高每个人学习并创造可持续性方案的能力。我们期待各类技术、工具和方法的蓬勃发展,帮助决策者了解其决定的所有维度。我们致力于培养未来的领导者,他们理解事物间的关联,同时关心现在与未来,有动力也有能力去领导大规模的变革。

就可持续发展面临的多重艰巨挑战而言,并不存在唯一的正确答案。取而代之的是通过各方参与的多方向合作努力,在追寻可持续性的过程中不断评估、诊断、设计与调整。迈向可持续性的转型正在进行。世界尚未知晓应采取的全部正确步骤,但我们正在学习,而且进展越来越快。当您在思考自身能为可持续性转型创造的贡献时,我们希望您会发现本书分享的思想有所裨益。

图表注释

① 图6.1出处:D. E Stokes. *Pasteur's Quadrant: Basic Science and Technological Innovation.* Washington, DC: Brookings Institution Press. 1997.(译者注:该书中译本为《基础科学与技术创新:巴斯德象限》,[美]D. E. 司托克斯著,周春彦、谷春立译,科学出版社1999年10月第1版。图6.1中第二象限"沉浸与试探"在后续文献中也称"彼得森象限",该命名指向优秀自然观察者的实例——美国的"现代观鸟图鉴之父"Roger Tory Peterson)。

附　录　A

可持续发展案例研究

在第 1 章对可持续性进行的简短介绍基础上,本附录扩展介绍了为增进人类福祉而努力进行改革的 4 个不同案例,这种改革不仅有利于当下,而且可以造福子孙后代。正如我们在第 1 章提到的,这些案例虽然发生在不同的环境中,但它们的相似之处在于人们为了让自身和社区变得更美好而努力,而且他们同非预期结果奋战,在面临失败和倒退时仍为了推动社会进步而坚持不懈。这些案例研究说明了可持续性挑战的复杂性,了解复杂社会环境系统的重要性,以及人力资本、社会资本、技术、知识资本和自然资本这些资产在人类的长期福祉中所起的作用。

伦敦:在城市环境中为可持续发展奋斗

众所周知,今日的伦敦是处于领先地位的国际大都市。[1] 伦敦在城市可持续性和生活质量的评估中往往名列前茅,特别是在国际影响力、技术精通度和宜居性方面屡拔头筹。虽然在经济、治理和环境的许多层面做得很好,但伦敦在空气污染和社会包容方向上仍然陷入了挣扎。[2] 这座城市为自己的地位感到自豪,对自身的缺点进行自我批评,并不断努力以做到更好。有关"大伦敦"(Greater London)的最新计划文件于 21 世纪初推出,其版本不断更新,核心内容是:

伦敦的可持续发展愿景……到 2031 年之后,伦敦要在全球城市中脱颖而出——为人民和企业扩大发展机遇,创造最高的环境标准和生活质量,并在应对 21 世纪的城市挑战(尤其是气候变化)方面引领世界。[3]

考虑这座城市的历史，伦敦现在对自己的未来持有此等雄心壮志，这是相当引人注目的，也很有启发性。伦敦的历史包括长达近 2000 年的明显不可持续发展时期，其中某些阶段与当今发展速度最快的"新"城市所经历的发展过程非常类似。在此期间，伦敦人一再为追求短期个人收益而反复加重社会和环境的退化，而由此带来的大规模长期成本最终使情况变得不能维持、无法收拾。不过，面对每次出现的倒退，人们的应对混合了政治行动、科学发现、技术创新、社会调节及新的治理模式，这些又同伦敦以外的世界中发生的事件相结合，从而为新一轮的发展举措开辟了道路。这类历史过程一贯导向伦敦人自身的惊喜事件和调整再适应，当前的大伦敦计划就是其中最新一期"剧目"。

我们应如何从可持续性角度来审视伦敦历史发展的坎坷轨迹？我们从中能学到什么经验和教训，以指导仍处进行时的全球城市化走上可持续发展之路？这些是我们希望本书能帮助你解决的问题。无论如何，为了使伦敦经验能够提供贯穿全书的实质内容，很有必要在此总结一下这座城市2000 多年发展过程中的一些启示性篇章。

一座滨海城市：从伦敦建城到诺曼征服

罗马人在公元 50 年左右在伦敦地区建立了防御工事，位置大概在当代伦敦的"平方英里"（square mile，特指伦敦金融城，是根据其占地面积取的别称）。根据凯撒的工程师维特鲁威乌斯（M.Vitruvius）的理论，他们选择将工事建在一处平缓的斜坡上，这样有利于借助太阳清除南部低洼地带的雾气和水汽。[4] 与大多数最终发展成大都会的地方一样，伦敦也建在河畔——这里拥有丰富的水、食物、动力与交通资源。然而，伦敦在整个泰晤士河流域所处的位置十分特殊，那就是来自海洋潮汐的咸水倒灌能够影响到河流淡水的极限高程位置，所以伦敦在正常情况下顺流向海上运输的同时，还可借此从公海（向西约 80 千米处）逆流向上游地区运输货物。这种"双向"河流环境有助于确立伦敦作为主要贸易中心的地位。但这也意味着当强大的北海风暴潮（storm surges）恰好与异常的超高潮汐"碰头"时，该城及其下游的大部分腹地极易遭受洪水的侵袭。因此，堤坝的建造及其他保护性工程在罗马时代的初期就开始了，并一直贯穿整个中世纪，近期的工程包括为应对 1953 年的城市洪水而建造的巨型设施——泰晤士河水闸。为了在保留滨海位置优势的同时减少其相应弱点而作出的上述努力，在伦敦应对 21 世纪气候变化的计划中仍然发挥着核心作用。

在建成后最初的 1000 年里，伦敦曾多次被洗劫、焚烧、占领和遗弃。然而，到 1066 年诺曼征服之时，它已经成为一座拥有历久弥新的建筑（如伦敦塔）、自我管理章程及 1 万以上人口的大城市了。起初，城市及周边地区的自然环境可以满足人们的需求。城市周围的水资源丰富且洁净。城区被肥沃的沼泽地和清理后尚待耕种的林间空地围绕，它们不仅能为人们提供食物，还能作为人类粪便的存放地，这些排泄物在城市中被收集起来，然后作为肥料出售给农民。除了这些密集管理的农业用地，还有大片的森林提供食物、薪柴和木材。由于这些林地具有社会生活核心的重要地位，围绕着谁有权使用以及怎样使用这些林地的管理问题，产生了一种经过精心设计但并不算特别公平的复杂的传统惯例、权利和法律体系。[5]

森林、食物和燃料：中世纪的伦敦，到 1348 年大瘟疫为止

中世纪早期对整个英格兰和成为该国主要城市的伦敦而言都是人口高速增长的时期。[6] 从 1100 年到 1300 年，伦敦的人口翻了两番，最高时达到 8 万人左右（图 A.1）。为了满足城市日益增长的物质和能源需求，还有由此产生的废弃物处理需求，相应的管理挑战也随之增加了。

伦敦的早期发展中最严苛的限制因素往往与水相关，包括城市引水和多余降水的处理。为了解决城区的供水问题，人们挖掘了各种池塘、湖泊及泰晤士河的支流，建造了许多管道并将它们全部接入市中心。排水则主要靠流进泰晤士河及其支流的杂乱无章的地表径流来完成，同时辅以额外建造的"下水道"（罗马时代下水道的仿造品）来收集径流并将其输送到河中。

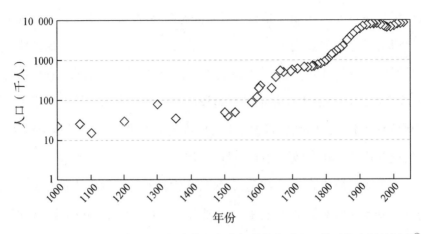

图 A.1 过去 1000 年中伦敦的人口变化（纵坐标单位为千人，按对数比例绘制）[①]

主要来自啤酒厂和制革厂等的工业垃圾被直接倒入河道。生活垃圾主要是人类粪便，它被收集起来并在当地的粪坑[又称"粪池"或"必要的仓窖"（necessary chambers）]中进行处理。和更早期一样，当时这些粪坑会被定期清理，掏出来的内含物[被恰如其分地称作"夜土"（night soil）]被运到农村用作肥料。

这种垃圾处理系统的表现远远谈不上完美。由于街面径流或通过下水道流向泰晤士河的污水是无规律的，而且随时可能被打断，因此工业垃圾有时会堆积在市中心发烂发臭。因为猪粪会加重垃圾处理问题，所以很早就被禁止往街上倾倒。家用粪坑也被禁止与下水道直连，但粪坑溢流的情况并不少见。到了 1189 年，法规要求粪坑必须与建筑地界至少保持一段最短距离。尽管如此，投诉还是时有发生，如 1290 年加尔默罗会的修士觉得忍无可忍必须发动请愿，因为周围地区的"大恶臭"（great stench）已经影响到他们履职了。到了 14 世纪中叶，这一问题变得如此严重，以至于该时期接连几任英格兰国王都被迫对此进行干预。1357 年，爱德华三世在对伦敦官员的讲话中直接把话挑明了：

现在，当我们路过泰晤士河时，看到城区中在上述河岸各处堆积的粪便和其他污物，也闻到了由此产生的烟气和其他恶臭……（我）命令你们不得拖延，立即清理掉位于上述河岸、城区街道与小巷及郊区的粪便和其他污物，并且在清理完后要一直保持干净。[7]

然而，这些命令似乎并未提及如何为完成这项工作提供方案、资源或促使合规治理结构的支持。这种欠缺的后果就是恶臭如附骨之疽般成为伦敦无法切割的一部分，持续存在了 5 个世纪之久。

伦敦在物质方面的另一大需求是食物。有些食物来自泰晤士河上的渔业，但大部分食物都是从周围乡村网络（延伸距离 65～100 千米）的农民手中购买的。通过提高现有土地的产量（如使用化肥、改良种子、改善管理）和扩大耕地面积等措施，人们日益增长的物质需求得以满足。13 世纪上半叶，这两种供给对策成功地防止了欧洲大部分地区（包括英格兰及伦敦）出现严重的饥荒。[8]然而到了 14 世纪初，农业的扩张已推进至极限，粮食和资源的短缺成了制约城市发展的慢性病。此外，为增加农业用地面积而进行的大规模森林砍伐，也减少了可用于木材生产的树木数量。在伦敦的周边，除了为贵族保留的娱乐和狩猎保护区，几乎已经不剩什么林地了。由此导致可获取的木材与其他森林产品变得稀缺，进而对社会生活产生了诸多不良影响，包括当农作物歉收时农民无法再像传统做法那样依靠森林作为生存支柱，王室成员也在担心他们的宫殿营造计划会找不到够用的木材。也许更令人惊讶的是，木材的日益稀缺还引发了伦敦历史上第一次空气污染危机。

自伦敦建城以来，燃烧时较为清洁的薪柴一直是为家庭和制造业（如金属的冶炼与加工业及用于农业生产和建筑业的石灰产业）提供热量的主要燃料。但随着森林为农田让路，薪柴和以其为原料制造的木炭变得越来越稀少、遥远且昂贵。与此同时，"海煤"（sea coal）——一种最初来自沿海矿床的低品位、柔软而高硫的化石燃料变得廉价可用。到 13 世纪末，伦敦已经广泛使用这种新能源，引发了许多关于"空气被污染和破坏"的投诉。1307 年，国王爱德华一世对此进行了干预，他禁止在石灰窑中使用海煤，因为其"无法忍受的气味"给附近居民带来了"烦扰……和对身体健康的损害"。他授权以"巨额罚金"处罚相关的违法者。[9] 此后，关于煤烟的投诉确实减少了，我们可以推测这反映出空气质量的改善。无论如何，直到 16 世纪，空气污染才再次在伦敦的事务文件中占据醒目地位。将空气质量的显著改善视为政府合理行动的功劳，这确实是种很有吸引力的解释。但爱德华一世皇家 * 法令的颁布时间恰逢中世纪繁荣期的结束。几乎可以肯定，煤炭需求的下降同样有助于实现国王的目标。

然而，其他问题也逐渐显现。尽管以森林覆盖率的急剧降低为代价换来了农业用地的扩张，但在 14 世纪初的几十年里，整个英格兰 (实际上是欧洲的大部分地区) 为了养活自己都表现得十分挣扎。食物短缺、营养不良，甚至饥荒饿殍也成了常态。人口和经济的增长双双放缓。当黑死病 (几乎可以肯定是由鼠疫引起的) 从亚洲迅速蔓延到欧洲并于 1348 年到达伦敦后，停滞变成了崩溃。[10] 令人震惊的是，18 个月内，伦敦的死亡人口达到了总人口的一半。瘟疫在那个世纪余下的时间里仍有零星复发，使英格兰的总人口减少了 40% 左右 (在此后的 300 年间，瘟疫一直是伦敦的重要人口死因之一)。黑死病对 14 世纪社会福利的影响是无法估量的。另一方面，之前人口数量和人类活动的增加将湿地和森林景观重塑成农业景观，而瘟疫对人命的"劫掠"则扭转了这一进程。无人看管的堤坝发生倒塌，于是泰晤士河重新获得了它曾经拥有的大部分开阔洪泛区 (在这个过程中连带着缓解了伦敦上游面对风暴潮的脆弱性)。[11] 森林侵入伦敦腹地无人照料的田野，与此同时，伦敦的木材需求由于人口的急剧下降也大幅减少了，于是木材供

---

* 严格从词意来说，royal decree 应译为"王家法令"。但考虑长期以来的习惯译法，此处不作修改。后文中的"英国皇家学会"（Royal Society）也做同样处理。

应变得够用了。海煤(被广泛认为作为燃料比不上薪柴好用)的使用也随之减少,于是对空气污染的投诉也相应地减少了。[12]

摸索前行,直至 1666 年大火:都铎王朝和斯图亚特王朝时期的伦敦

直到 15 世纪末,伦敦人口才恢复到瘟疫前的水平。但到了 1520 年,这座城市已经再度繁荣起来,并于该世纪中叶在不断增长的世界贸易网络中占据核心地位。到 17 世纪初伊丽莎白一世的统治结束时,伦敦已成为英国最重要的人口中心,共有约 22 万居民。随着英国内外越来越多的人投奔这座城市以享受其经济、政治和文化吸引力,伦敦呈现出很高的移民率。技术创新层出不穷,包括在此后近 240 年中一直用来将泰晤士河水抽提到城市分配点的水车。第一批私人马车也出现了,它既为市内现有人员的流动提速,也使处于发展中的城区有效规模进一步扩张。治理创新方面也取得了进步。1531 年出台的《下水道法案》旨在为城市提供系统性的清洁和排水功能。[13]此后的一系列努力反映出人们对伦敦的城市功能缺陷的认识,如试图限制伦敦边界继续扩张,将现有住房细分为更小、更密集的单元。这些努力无疑产生了某些影响,但它们完全不足以应对一个快速增长的城市所面临的挑战。

例如,随着伦敦的蓬勃发展,周围的森林再次被迫改造以提供农用地和建筑用木材,而木材因此再次变得稀缺而昂贵,平民便无法将其用作取暖的薪柴。于是主要的燃料再度变成海煤,对污染排放的投诉也再次被引发。这一次,国王号召新兴的科学机构针对令人不安的煤烟评估其成因和后果。按今天的标准来看,当时的科学家确实通过研究得出了空气污染的部分相关内容,他们的结论是:燃煤工业产生的浓烟对城市居民的肺部造成了实质性的侵蚀和损害。他们据此合乎逻辑地提出了减轻损害的建议:对煤炭进行燃烧前处理以控制煤烟排放,将工厂迁移到伦敦的边缘地带。但当时的危机并未严重到引起人们关注的程度,同时能通过知识的缓慢积累产生行动的转化机制也并不存在。于是,伦敦变得越来越煤烟缭绕。[14]

固体废弃物处理系统的缺陷再次变得十分明显。国王写信给伦敦市的市长:

> 国王已经注意到,由于人行道遭受破坏,以及街道上存在大量的污物,城市辖区内及周边的道路变得异常嘈杂且难以通行。根据国王的明确命令,要求市长采取有效措施,彻底修复人行道并清除所有污物。[15]

简而言之,早年间的恶臭又回来了。国王也和之前一样,可以责令官员消除臭味,但他对施令结果只会感到失望,最终无可奈何。

日益拥挤的生活条件,后院、小巷和供水系统中人类粪便的堆积,同世界其他地区贸易的增长,这些都为传染病流行事件的激增创造了条件。[16]这些传染病不仅包括频繁出现的鼠疫,而且包括当时往往无法得到准确鉴定但致命性不断增强的一类混合体,内含流感、猩红热、肺结核、斑疹伤寒、白喉、麻疹、百日咳和最严重的天花等。因此,在每个十年期中,伦敦因流行病暴发而损失10%乃至更多人口的情况都不算罕见。[17]然后,自14世纪第一次出现以来,大瘟疫在1665年以前所未有的来势袭击了伦敦。由于伦敦的人口更多了,老鼠和跳蚤也变得更多了,于是对流行病的蔓延更加有利,最终造成的人口损失堪称史无前例:在流行病暴发的7个月里,可能有多达10万名伦敦人死亡,在高峰期每周死亡人数超过7千人。当时的社会对瘟疫发生的原因缺乏可靠的理解,因此只能滥用各种基本无效的措施来胡乱应付,这些措施包括大规模杀戮猫狗(这显然会造成实际传播疾病的跳蚤从猫狗尸体上转移,寻找新的宿主),收拾行李逃离城市(这反过来进一步加速了疾病在更大范围内的传播)等。同时,由于人们拒绝对生病的仆人、朋友或家人提供帮助,导致了社会网络的崩溃。佩皮斯(S. Pepys)*在日记中

---

* 佩皮斯是17世纪英国政治家与作家,他在担任皇家海军部长期间缔造了英国现代海军的基础。《佩皮斯日记》既是文学名著,也是记录17世纪英国生活的重要文献。

以阴郁的笔调写道："瘟疫使我们像狗咬狗一般残忍互害。"[18]

与以往相比，伦敦对这次大瘟疫的反应是否存在很大的不同？答案恐怕永远不得而知。因为紧接着大疫之后的第二年便发生了伦敦大火：城内几乎全是木结构的紧凑建筑物助长了这场火灾。伦敦之前也曾经历过火灾，但最严重的当数这次 1666 年大火，伦敦全市面积的大约 1/3 及 80% 以上的核心城区（金融和贸易集中之处）被摧毁了。令人惊讶的是，当场死亡的人数很少。但在上一年大瘟疫的幸存者中，可能有 1/4 无家可归。1666 年的冬天到来了，许多人只能在城市周边的田野里搭帐篷过冬，其他人则在大疫和大火的双重破坏中逃离了伦敦，再也没有回来。这座城市的前景似乎十分暗淡。变得愈发沮丧的佩皮斯写道："城市的重建变得越来越不可能了，每个人都去其他地方定居了，没有人鼓起勇气重新做生意。"[19]

生命的浪费：18 世纪的伦敦与疾病的斗争

伦敦以一种零敲碎打的方式缓慢地进行重建，艰难地度过了 17 世纪余下的日子和 18 世纪上半叶。关于新城市的各种宏伟计划都化作泡影，从灰烬中重新崛起的伦敦，其街道规划与旧城基本一致。不过，由于石头取代木材成为首选的建筑材料，这个新伦敦不太会发生上次那样的重大火灾了。在市中心，通过新设的煤炭税资助，大街得以铺设与拓宽，排水的下水道增加了，还建造了长存至今的一些宏伟建筑，包括市政厅和雷恩（C. Wren）设计的许多教堂如圣保罗大教堂。在回顾这一系列成果时，一位兴奋的市民称伦敦"不仅是世界上最好的，也是最健康的城市"。[20]

当时的伦敦确实很美，至少在新建的中心城区如此，如果我们撇开广布的贫民窟不看的话。但伦敦的健康状况就不太妙了。事实上，整个 17 世纪，伦敦始终在经历死亡率的普遍上升，到了 18 世纪中叶，它已经成为一个前所未有的不健康地区。[21]该市出生的婴儿中超过 1/3 在婴儿期便会死亡。总体预期寿命仅为 18 岁，不到今天的 1/4，即便在当时也只有英格兰整体均值的一半（图 A.2）。

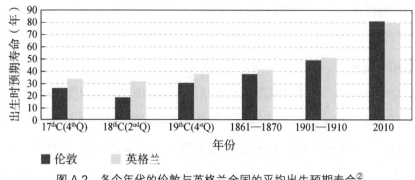

图 A.2　各个年代的伦敦与英格兰全国的平均出生预期寿命②

　　一位历史学家将其后果总结为：在 18 世纪的大部分时间里，伦敦都被一种"浪费生命"的感觉支配。[22]

　　18 世纪初伦敦健康状况恶化的原因在当时并不为人所知，至今仍然难以索解。不过，可以相当肯定地说，在此期间没有新的重大疾病传入伦敦。气候的长期变化趋势和食物短缺似乎都不会起到核心作用，这一时期伦敦健康状况下降的主要因素更可能是人口密度的不断增加及人们对该城流行的许多疾病的免疫力较差。这一趋势包括两个乃至三个相互作用的可能组分：

- 首先是来自农村的大量年轻移民。当时可能有 3/4 的伦敦人出生于外地，主要是英格兰、苏格兰和爱尔兰的乡村地区。[23] 大多数移民在农村长大，较少接触他们在伦敦会遇到的微生物，因此既没有通过自然选择形成的先天免疫力，也没有建立后天免疫力。

- 其次是伦敦糟糕的住房状况。经济停滞使新增住房的建造速度降到了最低点。因此，已有的建筑受到腐朽和"内部殖民化"（internal colonization）的影响：被反复分割成越来越小的房间，挤满越来越多的人、老鼠和虱子。

- 最后可能是母乳喂养率的下降。这一时期母乳喂养减少的幅度尚不清楚，但似乎很大。其原因可能涉及工作需求的变化、一般疾病、营养恶化或社会习俗。无论如何，后果是相当严重的。接受母乳喂养的婴儿意味着其食物营养丰富、无污染、富含从母亲传下来的抗体及其他抗菌物质。母乳喂养有限或缺失的儿童未能享受到这些好处，他们在婴儿期死亡的可能性可达纯母乳喂养儿童的 5～10 倍。[24]

这 3 个因素结合在一起（免疫力低下的移民人流、破旧房屋中的拥挤住户及母乳喂养的缺失），为伦敦创造了一个对城市流行病而言完美的传播环境。其后果便是 18 世纪该城以"生命的浪费"为特征（图 A.3）。

图 A.3　拟人形象：死神、邋遢老爹泰晤士和霍乱王[③]

不过，18 世纪初的伦敦并不只是个死亡陷阱，在当时普遍繁荣的英国，它同时是政府所在的核心地区、最大的港口与最大的制造业中心。虽然经久不息的深层次问题始终存在，但伦敦仍然发展出一种充满活力的公民生活。咖啡馆、报纸和辩论层出不穷。商业日渐繁荣。社会改革者开始着手解决他们眼中的穷人问题，建造救济院以缓解贫困，建造医院以抚养新生儿并治疗病人，努力使这座城市成为更好的居所。

他们最有成效的行动之一针对的是天花。从累计死亡人数来看，天花无疑是伦敦当时最致命的疾病。利用受感染者的脓疱或痂皮进行皮下接种是一种相当有效的预防性治疗手段，全世界存在较长天花历史的其他地区对此已经有了数世纪的经验。但人们当时并不了解"接种"（inoculation）或"种痘"（variolation）疗法是如何发挥作用的。因此，英国皇家学会的学者和伦敦医学界都认为这类疗法没有价值并予以拒绝。接种法最终在伦敦得到采纳，与其说是得益于科学，不如说是得益于蒙塔古夫人（Lady M. Montagu）的坚决主张。作为英国驻奥斯曼帝国大使（England's Ambassador to the Sublime Porte）*的妻子，她在旅途中亲自见证了种痘疗法的有效性。她的证词一开始未能改变当时科学机构的想法，为此她在王室的医生面前将这种疗法亲自用在自己女儿身上，并大获成功。面对这些证据，同时鉴于预防天花的需求很高，医疗机构于 18 世纪 20 年代早期（在囚犯和孤儿身上）进行了一些系统性的试验。这些存在伦理问题的实验普遍得出了肯定的结论，最终使他们认可了种痘疗法。到了 1760 年，伦敦及作为该城移民来源的英国内地都缓慢地采纳了种痘疗法，有效地扭转了对抗天花的局势，并使因天花致死的人数逐渐下降。[25]詹纳（E. Jenner）在 19 世纪初的开拓性工作使真正意义上的疫苗接种（vaccination）措施被用于对抗天花，此后，死亡人数加速下降。[26]詹纳关于该主题的最初论文被英国皇家学会拒稿，但越来越多的人被他的证据说服，于是坚持之下获得了最终的成功。

　　到了 19 世纪中叶，通过蒙塔古夫人、詹纳和其他务实者（pragmatists）的不懈努力（科学理论在此过程中提供的帮助只能说微乎其微），天花相对而言已经不再是伦敦人口死亡的主要原因。[27]再加上瘟疫的远离（1666 年大火之后，瘟疫在伦敦基本消失），经济复苏带来了营养和住房状况的改善，以及公民改革者和医疗工作者的持续奋斗，这座城市的健康状况终于开始出现向好变化。相较 1 个世纪前，19 世纪 20 年代出生的伦敦人的婴儿期存活率翻了一番，预期寿命也几乎达到了两倍。[28]随着人口结构的实质性转变，这座城市的居民数量开始了持续 1 个世纪的快速增长，从 1800 年的约 100 万人增加到 1900 年的 600 多万人（以及 30 万匹马）。

---

* Sublime Porte 意为"高门"，这是奥斯曼帝国中央政府的传统自我代称。

水、废弃物和下水道：维多利亚时代的伦敦，截至 1858 年大恶臭

随着快速的发展，伦敦在世界舞台上占据的地位越来越重要，但该城在物质方面的基础设施和内政方面的治理进程却在拖后腿。伦敦长期缺乏优质住房，早已引起人们的注意，而在这一时期情况更加恶化了。不过，谈到城市快速发展所带来压力的体现，没有什么能比伦敦在面对水和固体废弃物的持久管理挑战上的失利更明显了。19 世纪初伦敦的百万居民中，除了那些巨富，都仍然依靠和中世纪时基本相同的粪坑、夜壶、手泵和开放式下水道系统来处理人类粪便，但这些系统当初是服务中世纪规模城市的，那时的伦敦人口仅相当于此时的 1/4 左右。[29] 在供水方面，较贫困的部分城区仍然依赖已经服务城市长达数世纪的浅水井。不过，旨在为投资者创造回报的私营公司登场了，它们解决了当时日益增长的用水需求问题。私营公司通过鼓励越来越高的用水量来实现盈利目标。用水后自然会产生废水，虽然供水来自公司，但在废水的有序处理方面，公司发现无利可图，于是无所作为。因此，伦敦的污水处理系统仍然处于不发达状态。

粪坑中的大部分内含物以往会卖给农场作为肥料，但此时的农场已经越来越远离城市，这使得将粪便运到那里处理的成本升高，因此可行性下降〔1847 年后这种回收系统几乎完全崩溃。当时世界贸易体系不断扩大，洪堡（A. von Humboldt）早先发现的储量巨大的秘鲁海鸟粪便沉积物（被称为 guano）开始被用作高效的农业肥料。来自中国的契约劳工被雇佣去秘鲁开采鸟粪，鸟粪经船运抵达英国，彻底取代了国内农民对伦敦人粪便的需求〕。[30] 由于没人愿意去当掏粪工，伦敦的粪便处理系统不堪重负。粪坑溢流流进了用水管理系统中的其他管道，粪便与地表排水在下水道中搅和在一起，并混入多处水源，前所未有的恶臭充斥着城市。

面对这种不断恶化的情况，有几种可能的应对措施。不幸的是，伦敦一开始采取的对策以当时流行的科学常识为指导，然而这些知识恰恰是错误的。当时的科学家混淆了相关（correlation）和因果（causation）两类关系，认为疾病与腐烂的粪便和其他废弃物在空气中产生的"瘴气"（miasmas）有关。这种理论导致或加强了人们从实用工程角度出发，侧重于保护自身不受有形恶臭的影响，而忽略了保护供水免遭无形的污染。瘴气论尤其鼓励人们广泛采用19世纪早期新颖的"抽水马桶"技术，将家中产生的难闻粪便排到"别的地方"。1803年，在瘴气论的支持下，长期以来针对家庭排水管直连下水道（然后下水道再连到泰晤士河的"其他地方"）的禁令被取消了。1848年，瘴气论最终被用来证明下列要求的合理性：所有家庭都应建立上述直连管道，这样就能减少危险的后巷臭气（back-alley odors）。乍一看，把伦敦的恶臭从室内冲走的做法取得了成功。但实际上，这种做法意味着泰晤士河迅速沦为整个伦敦的公共粪池，基本上取代了以前用来容纳城市废弃物的成千上万个后院粪池（图A.3）。事实俱在：在这个新的泰晤士河粪池里，曾经种类繁盛的鱼类"不知何故"全都死掉了，可这条河仍然是伦敦大部分饮用水的来源。然而，当时的瘴气论科学却认为没有什么理由对此杞人忧天。

最终，以疾病的细菌理论为基础，改进后的知识体系阐明了为什么把粪便倒入水源产生的后果不仅不美观，而且会损害人体健康。直到19世纪60年代巴斯德、科赫（R.Koch）和他们同事的研究结果出现之后，关于如何组织人类活动的这种更健康的观点才被大众普遍接受。与此同时，清理数世纪以来伦敦恶臭的压力依然存在，原因是人们担心该城中一直存在的许多旧有疾病及1831年来自亚洲的新致命疾病：霍乱（图A.3）。霍乱是一种可怕的疾病，即便对于已经习惯流行病侵袭的城市来说也是如此。有的人明明早餐时看起来还很健康，结果晚餐时便死于霍乱，而且无论贫富都一样会因此丧命。1832年，伦敦出现第一波流行病，造成6000多人死亡。关于疾病的起源，当时的医学科学最开始无能为力，提供不了瘴气传播的替代学说。因此，补救性治疗方案探索了各种最终被证明无效的临时措施。公共卫生工作的重点仍然是人与恶臭（而非粪便）的隔离。

幸运的是, 伦敦采取的另一些措施恰好降低了通过水传播疾病(包括霍乱)的风险, 这些措施的本意是改善该城饮用水散发的恶臭气味和其他美观度问题。例如, 一些服务伦敦的私人供水公司为了抢生意, 从更为甘甜(而且不带病原体)的支流与泉水处开发水源。其他公司引入了创新的沙滤水技术, 原本目的是通过沙子的缓慢过滤在水体中的废弃物发臭之前将其清除。但出乎意料的是, 沙滤过程在公司并不知情的情况下把大多数细菌也滤掉了, 这正是该技术今天仍被广泛使用的原因。在 19 世纪初, 这些措施无疑有助于减少恶臭和疾病。但当时它们并未得到广泛采用, 于是在 1848—1849 年和 1853—1854 年, 伦敦的霍乱卷土重来, 每次暴发导致的死亡人数都超过万人。

然而, 上述流行病暴发的时间已经来到了 19 世纪中叶, 此时现代意义上的统计推断科学也已开始形成。借助伦敦保存的大量包含死亡地点与原因等信息的相关记录, 科学家能够在抗疫一线取得实证性进展, 即便关于这些疾病的起源和传播的探讨仍然笼罩在错误的瘴气论之下。其中最著名的事件是: 斯诺(J. Snow)医生调取了 1848—1849 年霍乱暴发期间死亡事件的相关数据, 在研究这些数据后得出结论——该病症更有可能是由于在饮食中摄入(ingestion)某种微粒而非呼吸时吸入(inhalation)瘴气造成的。他这种统计学论证并没有立即得到科学界的认可。不过, 伴随着来自王室的有力政治论据(泰晤士河水闻起来恶臭, 喝起来味道也很糟糕), 加上公众对可能发生下一次霍乱疫情的持续恐惧, 斯诺的发现无疑有助于 1852 年《大都会水法》(the Metropolis Water Act)的通过。该法案规定, 到 1855 年, 伦敦所有来自泰晤士河的饮用水都必须在感潮河段(tidal reach)以上位置取水(位于城市污染的上游), 并且必须通过沙滤器进行缓慢过滤。在法案颁布前, 这种沙滤器只有零星的使用。

这项法案通过得太晚了, 它能起到的作用也相当有限, 因此无力避免伦敦在 1853—1854 年再次发生霍乱疫情。不过, 斯诺和伦敦卫生委员会的科学家合作,深入研究了这场流行病表现出来的死亡模式,最终在科学上经受住了合理质疑,证明下列结论成立:霍乱暴发期间,生活在环境条件相同的同一社区里,暴露于同样的"瘴气"中,在此前提下,相较饮用的水较为纯净者,喝腐化臭水的人更容易死亡。即便如此,伦敦卫生委员会的科学家还是在行文中小心翼翼地强调,他们能正确了解流行病学统计的局限性,也就是说他们并没有真正证明劣质水**导致**霍乱,同时缺少解释这种因果关系的理论。这种声明表现出的态度在科学意义上严谨得令人钦佩,但对实践而言恐怕只会让人恼火。

不过,他们确实提供了令人信服的证据,证明下列措施具有重要的实践意义:用洁净的清水取代脏水能从根本上降低感染霍乱及其他疾病的风险。他们还颇具先见之明地指出,虽然法案的执行要求只能使用泰晤士河的上游作为水源,可有助于限制霍乱暴发的直接风险,但它"仍然是不完善和不稳定的……(因为法案实际上允许上游)居民对伦敦的饮用水行使排污权"。[31] 科学家的严谨态度却被私营供水商用来钻空子,后者宣称泰晤士河水虽然"滋生微生物群体,但并不会对健康造成危害"。[32] 政治家面对建立清洁供水涉及的行政和财政障碍表现得犹豫不决。在 1853—1854 年霍乱疫情期间,斯诺提供了有力的证明,通过移走布罗德街(Broad Street)被污染的水泵把手,就能有效阻止该处疫情的蔓延。然而疫情一旦结束,相关行动也随之停下,未能继续保持,尽管现在人们认为伦敦卫生委员会提供的科学发现大体上是正确的,在实践中也具有潜在效用。

真正采取行动时往往靠的不是科学知识,而是由灾难性事件催生出行动力。作为伦敦的公共粪池,泰晤士河在很长一段时间里呈"慢性病"状态,只单纯表现出水体的污浊。在这种情况下,1858 年到来了,这一年的 6 月特别炎热,于是泰晤士河摇身一变,进入了此后"臭"名昭著的大恶臭状态。时人写道:

> 来自泰晤士河的压倒性恶臭是如此强烈,以至于下院要求使

用漂白剂（石灰的氯化物）浸泡过的窗帘，徒劳地试图保护这些有钱有势者的敏感（口鼻）。[33]

人们看到未来的英国首相迪斯累里（B. Disraeli）一边狼狈地逃离议会大厅，一边还不忘发出谴责：伦敦本应是地球上最伟大的城市，结果现在城里却有个"冥池"（Stygian pool）伴随着潮汐来回荡漾！终于，天气变得凉爽，议会可以重开，议员立刻以前所未有的速度开始采取行动。到了那年夏季结束的时候，议会已授权开展一项开创性的大规模下水道建设计划。这个巨型基建项目预期在 7 年的时间里收集伦敦大部分的家庭污水，并将其移送至城市下游的排放口。议会辩论中所引用的理由不仅反映出臭气影响到伦敦的美观品质（其实这些议员终生都或多或少地要同某种程度的臭味打交道），而且反映出当年的一种混合式信念：通过消除污浊的瘴气或腐臭的脏水，抑或双管齐下，总有办法可以降低霍乱（及威胁人们生命的其他疾病）的发生率。

随后，事情的发展似乎验证了他们的期望。霍乱最后一次回到伦敦是在 1866 年，但这次它夺走的生命只有此前暴发时的一半，且死亡人口集中在新的下水道系统尚未完全运行的城区。伦敦的伤寒和腹泻死亡率也有所下降，与此同时，那些没有下水道系统的城市仍然反复暴发流行病。维多利亚时代的英格兰因种种原因而自鸣得意，称赞其新下水道系统为"最宏大、最精彩的现代作品"。[34]

诚然，这是一项大胆的重要成就，实实在在地改善了伦敦人的生活质量，它的大部分基本结构长存至今。然而我们也要看到，伦敦下水道这个工程奇迹并没有真正意义上彻底解决污水和废弃物的处理问题，只是把它们推给了下游，推给了未来（后来的措施在本质上仍不过是把麻烦越推越远罢了，一开始是将下水道出口处的废弃物收集起来，并用驳船拖运到海上倾倒，时至今日则是通过焚烧将其排放到全球大气中）。同样，19 世纪 60 年代伦敦的下水道创新也没有真正解决疾病问题（在与今日理解类似的有力病菌理论帮助下，随着 1852 年《大都会水法》的通过，法案中对清洁水来源和过滤的规定表明对水传播疾病的大举进攻已经开始了，尽管这有可能并非完全有意识的行为）。事实上，围绕着"大恶臭"及其解决方案的最重要的创新点可能并不涉及如何设计健康工程（engineer health），而在于如何治理健康（govern health）。

在"大恶臭"之前，供水和废弃物处理系统的职责被分配给数百个地方当局，每个都有自己的习惯规则与技术。在伦敦面积还较小的时候，这种自组织式拼合体（patchwork）可能是有效的，甚至是优越的。但随着城市的发展，原先局地尺度上的优势（local strength）变成了区域尺度上的弱点（regional weakness）——管辖权抢地盘和管道不兼容。无论如何，通过围绕"大恶臭"的各种法案将地方当局整合到新的大都会工程委员会麾下，这一过程是至关重要的。该委员会被赋予权力和资源，能够实施以往措施中所缺乏的大规模解决方案。最重要的是，随着大恶臭事件的发生，新的系统被建立起来，它允许委员会和大伦敦地区的各个城市通过借贷来为其水厂建设筹措资金，而这样的借贷是由政府收取的财产税和用水税提供背书支撑的。在此后的几十年间，这些治理创新为管理社会–环境相互作用的公共工程措施奠定了建设基础。[35] 再加上供水和废弃物处理领域的科学和工程技术的不断进步，它们给现代的伦敦留下了改善后的人类健康与泰晤士河环境，超出了 19 世纪所有人的想象：这里有发达的渔业，偶尔会举办游泳比赛，曾经的"臭名"已被洗刷殆尽。

持续的空气污染和大雾霾：伦敦的 20 世纪

在整个 19 世纪和 20 世纪初，伦敦人一直被卷入水、霍乱和粪便方面的挑战，于是他们似乎把空气质量欠佳视为理所当然。当他们把自己的城市称作"雾都"时，并不能说毫无正面情绪（在今天看来这真是种可悲的讽刺，因为我们已经知道城市空气污染——特别是构成伦敦雾霾的微粒物质——对人体健康会产生巨大的负面影响）。[36] 例如，19 世纪末柯南·道尔（A.

Conan Doyle）安排书中的福尔摩斯在 "浓密的黄雾" 里追逐嫌犯，其笔调似乎是在平静而客观地描述而并非批判伦敦，他认为这只不过是当时这座城市的特征罢了。来到伦敦的 "乡下人" 就没那么乐观了，作为社会评论家的狄更斯（C. Dickens）等也是如此。早在福尔摩斯漫步伦敦街头的几十年前，狄更斯笔下《荒凉山庄》里的人物埃丝特一到伦敦就发问："是不是哪里有大火烧着了？这街上到处都是褐色浓烟，啥都看不清了。"

　　如前所述，烟尘和雾霾一直是伦敦生活（和死亡）的一部分。13 世纪的民怨主要来自煤炭的工业化使用，尤其是用于石灰的生产。到了 16 世纪末，煤炭不仅在工业界的使用日益增多，而且被用作家庭取暖和烹饪的燃料，于是伦敦人投入了 "正常" 的污染控制工作：把坏东西扔到别处去。在这种情况下，所谓 "别处" 就是伦敦的空气：低矮的家用烟囱逐渐变多，通过使用这些烟囱，室内的污染空气就被转移到了室外。[37] 投诉再次开始增多，科学研究也开始进行，但整体情况并没有发生什么变化。就这样又过去了 1 个世纪，蒸汽机的发明导致整座城市的用煤量迅速攀升。一些限制排放的法规出台了，但其对象主要集中在数量较少的工业设施上。伦敦人自家炉灶和烟囱的使用是整个空气污染问题中的一个重要部分，这种想法未能获得重视。结果，工业革命加上城市人口的激增在 19 世纪摧毁了伦敦提供合格的健康饮用水的能力，同样的 "组合拳" 又在 20 世纪压垮了该城提供合格的健康空气的能力。

　　在 20 世纪的前几十年里，一系列愈发严重的 "豌豆浓汤" 式大雾使人们日益关注空气质量恶化对城市、商业和居民健康的影响。然而，第二次世界大战将人们的注意力转移到更直接的问题上。战争以多种方式影响了伦敦，正如它对英国其他地区及全世界的影响一样。然而对伦敦来说，最直接的影响是（空中）闪电战：德国对这座城市进行的战略大轰炸。至少有 2 万名伦敦人在空袭中丧生，随着第二场 "天火" 的践踏，城中 30 多万所房屋和大部分工业基地被摧毁。许多人逃离了这座城市，在此后的半个世纪中，伦敦人口持续下降。

但在灾难发生后，伦敦再次显示出自己有能力进行恢复和重建。国内外的朋友为伦敦提供了人力和其他资源，对他们来说这座城市已成为不可或缺之所。这次重建的过程中，伦敦开始认真处理住房和绿地问题，空气污染也再次成为讨论的主题。然后时间来到 1952 年 12 月，伦敦经历了为期一周的"杀人雾霾"，其严重程度绝不亚于现在关于雾霾的头条新闻所描述的。当时的记录中提到：

> 这是我遇到过的最糟糕的雾霾。它有一种……强烈的，强烈的气味……是硫磺味……即使在白天，空气里也全是一种可怕的黄色……真的就像字面上说的那样，你甚至伸手不见五指。[38]

市内交通停止了。《茶花女》的演出被取消了，因为在歌剧厅内部能见度也很低。从大英图书馆的书堆到住户的内衣，黑烟弥漫，遮染一切。[39] 这次污染事件被单独特称为"大雾霾"，导致的伦敦死亡人数可能多达 12000 名，[40] 超过整个第二次世界大战期间轰炸死亡人数的一半，在死者的绝对数量上（尽管不是在相对总人口的比例上）可与早先的若干次鼠疫和霍乱暴发相比（图 A.4）。

不幸的是，对这次事件中死亡规模的充分评估是在 50 年后实现的，直到那时，细致的科学研究才解答了这类急性空气污染是如何使慢性呼吸道疾病的死亡率增加的。因此，不像 1858 年的大恶臭事件，伦敦在 1952 年的大雾霾事件之后并未迅速采取有力行动。不过，这次事件后空气污染再也不会被默认为在伦敦生活避无可避、必须忍受的条件了，减少空气污染的立法最终得到了广泛的公众支持。1956 年，议会终于通过了《清洁空气法》（*Clean Air Act*），其中包括对来自家庭生活和工业生产的烟雾的初步控制尝试。该法建立了"无烟"区，推动从直接使用最脏的煤炭资源改为从中提取燃料，这样可以有效地减少颗粒物排放；但它未能直接解决硫排放或其他污

图 A.4　大雾霾中的皮卡迪利广场④

染物排放问题,尽管由于大雾霾事件驱动了燃料使用的转换,其中部分排放物有所下降。直到 20 世纪的最后几十年,其他污染物的处理才取得了系统性的进展。其中部分进展只不过是预期之外的连带效果,可归功于伦敦对旧房的持续清理和更换,以及伦敦大部分的制造业转移去了世界其他地区。不过,就像在其他地方一样,改善伦敦空气质量的努力极大地受益于 20 世纪 80 年代开展的环境研究与治理跨国项目,在这些项目之间,新的协同作用开始成形。这些项目首次系统性地在发展战略中引入科学以改善将"处理废弃物"等同于"把废弃物扔到别处"的缺陷。其中关于酸雨的工作(涉及的许多污染物与大雾霾组分相同)走在了前面,随后迅速开展了将监测、研究和治理整合为一的国际项目,以应对平流层臭氧耗竭、气候变化及其他一系列仍在不断加码的污染物挑战。[41] 这些全球性的科学计划与欧盟的区域性倡议结合,拉动英国开始走向更积极的环境政策。同时,它们为伦敦的本土改革者提供了杠杆,并成功推动了当地的自主创新,如在机动车交通系统中征收内城拥堵费。

为了对可持续性的社会维度问题在理解和解决层面提供类比意义上的支持,环境领域这种全球科学与本地行动的联盟能否继续延伸,或是否值得借鉴?答案恐怕还有待观察。显而易见的是,今天的城市中心是某些整合度最高的可持续发展追寻途径得以诞生的熔炉,而最具创造性的熔炉之一正是伦敦城区。

尼泊尔的农民自管式灌溉系统

在尼泊尔,粮食种植的前景是颇具挑战性的。[42] 该国大部分地区属于高海拔山地,在这类地形上许多作物根本无法种植。至于容易开展农业生产的少量国土,上面早已种满了庄稼。[43] 因此,在尼泊尔想要收获更多的粮食就意味着必须提高作物的产量(用于种植的土地上单位面积产出的平均粮食数量)。提高产量的关键途径之一是改善灌溉系统的实用性和可靠性。

尼泊尔的气候特点使得灌溉系统尤为重要。[44] 每年6—9月,夏季季风将大量水汽从温暖的印度洋带往位于内陆的尼泊尔,并在遇到高山时释放水汽,形成丰沛的降雨。一年中剩余的8个月则是非常干燥的。因此,尼泊尔的农民必须在有水的时候高效利用,并尽可能地收集降水以供日后使用。在季风季节,洪水和滑坡十分常见,农民必须奋力维持农田及其配套服务的灌溉系统处于正常运作状态。

初尝失败:社会现实如何阻碍技术进步

自20世纪60年代以来,政府和非政府机构一直试图在尼泊尔构建灌溉系统或改善其性能。[45] 20世纪90年代,针对尼泊尔全国的约150个灌溉系统,一组来自美国和尼泊尔本国的政策分析家进行了评估,根据技术改进的程度将其分类。他们特别关注每个系统是否配备了永久性的渠首工程(取水枢纽),是否配备了水泥或石块衬砌的水渠,或两者兼备。同时,他们的分类还依据每个灌溉系统的物理状况(需要投入多少力量来维护)、输送到系统内的水量及依赖系统灌溉所种植作物的生产力。结果,他们得出了一个令人震惊的发现:实际上,农业生产力最高的反而是那些毫无技术改进的系统。在衬砌水渠的帮助下,确实有更多的水量输送到了农民的田地,这些系统的物理状况一般来说总是优于无衬砌系统的。但在所有地区,表现最差的灌溉系统恰恰是那些配备永久性渠首工程的系统。

备受重视的工程项目却无法改善尼泊尔的农业状况,这怎么可能呢?答案是项目的执行机构忽视了存在于农民社会系统中的关键要素。由于用来制造渠首配件的精密设备维护和操作难度很高,政府机构接管了新型灌溉系统的管理权。农民不再需要亲自参与系统的维护。既然上下游农民的协作、合作或分工变得可有可无,靠近渠首位置的农民便不再劳心费力地维持与下游农民之间的友好关系,他们开始毫无顾忌地抽取更多的水,这样留给下游农民的可用水量就变少了,其结果便是造成系统整体的农业生产力下降。

通过社区适应和合作克服挑战:来自卡瓦尔的村庄故事

尼泊尔的许多社区没有得到任何外部援助,但仍然一直在努力地建设灌溉系统,为其作物提供更可靠的水源。自给自足的小规模农民群体是如何克服极端贫困、交通罕至的地理位置和复杂的水文状况等不利条件,建立起自己的农民管理系统的? 不寻常的故事有很多,我们接下来要讲述的正是这样一个故事。

在加德满都东北部卡瓦尔(Kavre)地区的山谷中,有一个居民数量 200 左右的小村庄。20 世纪 50 年代,尼泊尔政府进行土地改革,向有意在该地耕种的定居者提供社区产权。此后不久,陆陆续续开始有人以此地为家,在这里安顿下来。到 1970 年时,村里几乎所有家庭的食物来源仍然基本依靠自己种植,主要是玉米和小米。他们的耕作技术非常简单:养泽布牛(Zebu oxen)*耕田,[46]没有灌溉系统,除动物粪便外也没有在田间施用化肥或其他肥料。当时,该村一般家庭每年生产的食物只够吃5个月左右。为了维持生计,家中的男人会在非农忙季节去城市打工,然后把钱寄回村里的家中。在20世纪70年代的尼泊尔农村,平均每个家庭有2个成年人和5个孩子,但只有大约一半儿童能够完成小学教育。[47]每4个孩子中就有1个会在5岁前死亡,而农村人均预期寿命仅为39岁。[48]然而,到了20世纪80年代初期,这个村子里的情况变得更糟了。

1983年,作物收成开始下降,原因似乎是降雨不稳定、土壤侵蚀加剧和泥石流成灾的综合作用。1986年的收成降至低谷,当时村民生产的粮食只够维持2~4个月。那年妇女和儿童纷纷走进森林寻找野山药,找到后他们还要将其煮上一整夜才能在早上食用。**虽然没人能吃饱,但不管怎样还是做到了不被饿死。大多数家庭都被逼到崩溃的边缘,但最终还是勉强维持着活了下来。

一直以来,卡瓦尔的村民希望尼泊尔政府能帮他们建一个灌溉系统,但始终未能成功。他们向地区政府提出的请求已经被束之高阁长达20年,没有得到任何回应。据村里的一位长老说,地区议会理都不理的原因是村子"在上边没人",因此根本说不上话。

村民知道事情不能再这样继续下去了。村里的领导人决定,无论地区政府是否提供帮助,他们都必须把民心所向的灌溉系统建起来。在村外2千米的地方就有一条小溪可用作水源。如果用灌溉渠把溪水引到村里的田地,充足的供水有望使收成倍增,还能帮助农民实现作物多样化,提供更多的食物保障,农业收入自然也会增加。每个人都认为,合作修建一条灌溉渠是比维持现状好得多的选择,比起放弃村庄、搬回低地的选择也更具吸

---

* 泽布牛是起源于印度南部的小型瘤牛,以背上生长的瘤状肉球(类似驼峰,内部主要是脂肪组织)为特征。

** 煮一整夜是为了彻底去除野山药内含的毒素。

引力。

但他们应该怎样设计、建造并维护一个新的灌溉系统呢？如果没有政府的支持，他们将如何成事？是什么给了他们达成目标的信心？

首先，村民了解他们村庄的土地。他们比其他人更了解这个地方、这里的人民和自然资源——包括溪流的特点。关于溪流的运动方式及它如何随季节变化的知识，而这些将成为设计和建造灌溉渠的关键。也许最重要的一点是，村民之间相互熟悉，拥有共同的历史与经历，并坚信彼此为村庄的生存而奋斗的决心。尽管有了这些条件，他们的建设项目还是面临着三大挑战。

第一个挑战是获取必要的设备和材料以完成工作。他们需要工具和水泥来建造灌溉渠渠首结构中的某些构件。他们向一家新成立的农业发展银行申请信贷，该银行为他们的工具和材料提供了小额贷款。农民必须同意提供他们的全部劳动力并在 5 年内还清贷款。

第二个挑战涉及更多的技术层面问题。为了把水从溪流引到田里，灌溉渠的线路规划显示必须打穿巨大的岩石露头。在缺乏先进工具和机械的情况下，他们将如何打穿岩壁呢？他们没有推迟项目等待向外求助的回应，而是选择了自力更生手工开凿。村里的年轻人腰缠绳索挂起自己，只用锤子和凿子以每天 30 厘米左右的速度凿开巨大的岩石。几周之后，水渠的线路就凿通了。直到今天，这一壮举仍被视为该村最伟大的成就之一。

最后的第三个挑战是始终保持完成项目所需的高水平合作。这项任务需要所有村民的全力参与，为集体努力奉献。为了做到这一点，他们自愿分工：有人付出时间和劳动，有人去和银行沟通、谈判，还有人为工人做饭或照顾小孩。所有群体在进行协作努力时都面临类似的挑战，而群体越大、多样化程度越高，想要推动群体中的个体成员为集体努力做贡献，其激励难度也就越高。在这个村子里，高度的信任和社区凝聚力有助于降低上述问题的严重性，但把大部分工作推给别人去做（然后蹭便宜坐享他人努力成果）

这样的躺平"搭便车"现象总是存在的,不可能完全避免。村民通过制定明确的规则来处理搭便车问题,也就是公平地判断每个家庭对村项目做出的贡献是什么。然后,村领导又制定了一个这些规则的执行与监督系统。这些措施的实行进一步促进了合作与协作,这不仅是建造灌溉系统所需要的,对该系统的维持来说同样不可或缺。

经过全体村民历时约一年的共同努力,灌溉系统得以顺利完工,为20公顷农田带来了急需的用水。农民成功地提高了他们的粮食年产量,能够提供充分满足8个月需求的食物。他们还及时还清了贷款,并从那时起自发运营并维护这条来之不易的灌溉渠。

政府再试:农民参与下的灌溉改善

并不是所有的社区都能有幸拥有卡瓦尔村那样的领导力与合作潜力。但随着国内和国际组织继续努力改善尼泊尔的灌溉系统,他们开始学习类似卡瓦尔村案例的村庄合作成功经验。尤其是从参与式努力的成功及其面临的挑战中学习这一方面,该项目极具现实指导意义。[49]

20世纪80年代末,尼泊尔水与能源委员会同国际灌溉管理研究所合作,为加德满都附近印德拉瓦提(Indravati)河流域的19个灌溉系统制定了改善计划。[50]在科学分析和对早期失败的评估基础上,该计划引入了一些创新。农民可以自行选择是否自愿参与。如果农民提出需要资助,项目执行方必须同意提供部分劳力和材料。参与的农民将要接受的培训来自尼泊尔最富饶灌溉系统中的那些农民。每个农户小组被要求编写一套"工作规则"以指导他们关于灌溉系统的决策(图A.5)。

这一项目的长期影响是什么?在项目开始时,由林维峰(Wai Fung Lam)和诺贝尔奖得主奥斯特罗姆领导的一个国际研究小组收集了每个灌溉系统是如何运作的信息(例如,灌溉面积的大小、灌溉基础设施的技术效率、抽水量、供水量及种植密集程度水平),还采访了农民以了解他们的观点。他们在1985年、1991年、1999年和2001年进行了重复调查。

图 A.5 由农民建造和管理的灌溉系统⑤

　　该小组发现结果喜忧参半。在大多数灌溉系统中，项目成功地增加了灌溉面积。然而，几乎所有的系统都经历了技术效率的劣化，也就是说，水的输送达不到所有部件都按设计工作时应有的效率。尽管如此，大多数系统仍然能在农民需要时持续为他们供水。在作物生产力方面出现了更复杂的情况：在一些系统中，作物生产力随着时间的推移而提高，而在另一些系统中则出现下降或没有变化的情况。最后，归功于项目的实施，没有农民再遭受缺水之苦。这些结果表明，该项目成功地改善了农民之间的互动，使水的分配变得更加公平，消除了缺水现象；但是，基础设施不断劣化和作物产量的参差不齐表明有复杂的混合因素正在影响农民对灌溉系统的使用。

　　在试图理解这些结果时，研究人员想知道影响系统之间产生结果差异的因素。他们检测了几种因素的相对重要性：政府对基础设施改善的资助、书面规则的存在、罚款的实施、领导力和农民的集体行动。结果表明，集体行动和书面规则都是项目实施地区的作物生产力长期改善的必要条件。与同一研究小组之前的研究结果有所不同，[51] 他们发现在本项目中，对违反规则的人处以罚款不是必要条件，这也许是因为项目最初的设置促进了强大的社会资本。国家政府的持续资助也不是灌溉系统运行良好的必要条件。

　　研究人员的发现在更普遍的意义上表明：在灌溉项目的设计中，让农民拥有发言权是取得积极成果的关键。对灌溉基础设施的维护相当重要，但同样重要的是"人的工匠精神"（human artisanship），换言之，通过合作达成互助进步的能力（图 A.6）。

图 A.6　农民与他们的灌溉项目[⑥]

从复杂系统中学习：尼泊尔的经验教训

　　据一些专家统计，尼泊尔可能有多达 10 万个由农民管理的灌溉系统，每个系统都有自己的故事，讲述农民如何通过合作开发共同的资源使所有人受益。这些系统经历了一系列问题，包括基础设施的劣化、农民向城市的外迁、内部冲突、上游的土地利用和其他活动造成的污染和泥沙沉积, 以及近年来气候变暖、变干造成的水量减少。来自社会、自然和物理领域的科学研究帮助阐明了产生这些问题的多重因素, 并描绘了合理的对策。虽然这些系统是由农民自己管理的, 但为了满足当前和未来的需求, 在帮助它们发展演进这方面, 科学家、政府和非政府组织都会发挥重要作用。农民和科学家都是另一项重要资源的守护者: 在特定时间、地点的以往干预中学到的经验与教训。

雅基河谷: 通过不完美但坚持不懈的跨学科研究迈向可持续性

本案例研究讲述了一个由科学家和决策者组成的团队约 15 年间参与的研究和行动的故事。[52] 该项目由本书作者之一马特森(生态系统生物地球化学家)、内勒(R. Naylor, 斯坦福大学的经济学家)和奥尔蒂斯 - 莫纳斯泰里奥(总部位于墨西哥的国际玉米和小麦研究机构 CIMMYT 的农学家)共同发起和领导, 本案例研究由马特森以第一人称讲述。

出于几个因素, 雅基河谷是个有趣的地方。河谷位于索诺兰(Sonoran)沙漠中部, 谷内有约 25 万公顷的灌溉农业(主要种植冬小麦), 所需的灌溉用水从墨西哥北部数千平方千米流域的几个巨型水库抽取。雅基河谷位于世界级生物多样性热点之一加利福尼亚湾沿岸。它是绿色革命的发源地, 博洛格(N. Borlaug)和其他研究人员在此进行了早期的研究和作物试验, 培育出改良的高产小麦品种。此后, 在绿色革命时期(20 世纪 50—80 年代), 该品种推广到所有发展中国家 (这一早期研究是在 CIMMYT 的田间站进行的, 该站至今仍是持续创新和教育的重点地区)。谷内农民很早就获得了改良的高产新品种, 他们还得到了国家补贴以支持绿色革命的全套技术: 化肥、灌溉、农药和其他投入。因此, 他们在提高作物产量方面非常成功: 他们拥有一些世界最高小麦产量纪录。

雅基河谷是成功的绿色革命的一个良好案例, 世界上许多其他地方也有类似的成功, 这可以归功于在过去 50 年间粮食生产跟上了世界人口和粮食消费的急速增长的步伐。然而不幸的是, 今天的河谷面临着一系列可持续性挑战, 其中大部分是绿色革命的非预期后果。例如, 水资源的使用效率十分低下(田间漫灌), 直到最近, 灌溉区还缺乏在干旱期间改变取水量以维持水资源的规则(干旱在该地区并不罕见)。农业系统倾向于过度施肥; 系统中添加的氮远超作物生长所需, 导致养分从土壤流失到水和大气中, 而且大多数流失途径都会付出经济和环境成本。虾类养殖在这里的沿海地区以不可持续的方式爆发式扩张, 影响到具有文化意义的自然生态系统和渔业。与气候变化相关的冬季升温使一些农作物易于减产或绝产。一些地区的饮用水地下水源受到了污染。空气污染和儿童的肺部疾病是与农业实践相关的重大问题。

显然, 雅基河谷并未运行在一条最佳轨迹上。虽然有些人可能认为将这片沙漠完全转化为其他非农活动区是个好主意, 但我们的研究团队是务实的, 我们试图帮助这一地区(墨西哥的"面包篮"和全世界的小麦粮食及种子来源)走向可持续状态。虽然我们在多个方向上取得了进展, 但这个短篇故事将侧重于化肥的使用。

在雅基河谷, 大量的补贴催生了化肥的过度使用。20世纪50年代, 工业化耕作刚刚兴起, 肥料的施用量非常少(图 A.7)。到了1981年, 农民施用的大量肥料足以使他们当时种植的小麦产量达到最大化。1981—1997年, 他们继续增加化肥施用量, 即使产量已经基本不再增加而是保持不变了。此外, 农民在播种前施用大部分肥料, 然后进行播种前灌溉, 使杂草发芽然后除草, 1个月后再进行小麦的播种。根据自身掌握的生物地球化学基本知识, 我们预计这种方法可能会导致大问题。农民也开始担心化肥成本的增加。

所以, 我们的研究团队决定研究这个问题。我们追踪了氮肥, 试图找出它在农作物和土壤之外的去向。我们发现, 氮正通过各种途径从这些作物系统中流失: 以空气污染物一氧化氮和氨气的形式进入大气, 影响下风处

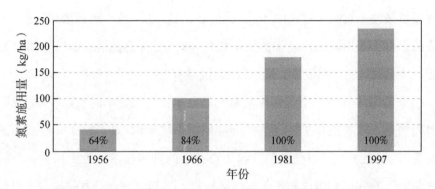

图 A.7　雅基河谷中逐步上升的小麦年化肥施用量（百分比代表施用化肥的小麦种植区
　　　　域所占面积比例）[7]

的空气质量, 包括城市地区; 以能够长期存在的温室气体氧化亚氮的形式进
入全球大气; 以硝酸盐的形式穿过土壤剖面进入地下水或地表水, 影响人类
健康; 随着灌溉的尾水流出, 以铵离子的形式进入地表水。这些损失途径在
该系统中全都存在。其中部分氮通过地表水和地下水系统进入加利福尼亚
湾, 在那里造成浮游植物大暴发, 它们在海湾中旋转, 并进入海湾另一侧的
海洋生态系统保护区。一些污染物扩散到大气中, 在一年中的某些时段造
成了城市空气污染。一些氮可能在下风处沉降, 影响那里的自然生态系统,
尽管这超出了我们的研究范围。底线是什么? 农民在田间做出的施肥决策
是不可持续的: 它为农民和社区里的其他人带来了良好的作物产量和经济
利益, 但也对邻近区域的生态系统、水资源和人类健康产生了非预期的负面
影响。社区开始出现召唤改变的呼声。

　　同时, 我们也在追问: 他们为什么要这样做? 通过调查、访谈和资料分
析, 我们发现直到 20 世纪 90 年代中期化肥都非常便宜。然后, 墨西哥的农
业政策转向了自由放开, 化肥变得昂贵。分析告诉我们, 到了 20 世纪 90 年
代末, 化肥已成为农场的预算收支中最重要的成本。但这是最近发生的变
化, 也许农民还没有意识到成本如此之高的事实。农民还说, 由于劳动力和
机械的限制, 他们必须在播种前就施用大部分的肥料（尽管有一小部分农民

通过机械改造克服了这些限制)。他们还谈到,如果今年风调雨顺,他们关心的是尽早在田间施用足够的肥料以优化产量,并避免潜在的降雨事件造成田地难以施肥。但最重要的是,他们说经验表明,这种管理是有效的。

鉴于河谷内外的社会 – 环境系统对自然和人力资本的负面影响,我们要问的是:对农民及更广泛的社会 – 环境系统来说,是否存在某些双赢的机会,也就是一些可以使他们变得更可持续的种植技术。为了探索这个问题,我们(在农民的田地和农业实验站)进行了田间实验,开发并运行了农艺和生物地球化学模型,并进行了更多的经济调查和分析。随后我们发现,的确存在一些极好的双赢机会。如果农民能够减少施肥量,在作物需要的时候更仔细地安排施肥时间,就能在保持产量的同时提高谷物质量(谷物的氮含量),将所有途径流失的营养降至原本的 1/10 乃至更少,由此节省的费用相当于 12%—18% 的税后利润。这是一个双赢的结果!

我们在《科学》(Science)杂志上发表了这个发现,建议农民使用这种方法以获得成功。[53] 不过,由于我们的团队关心此地居民的福利和这里的可持续发展目标,我们还努力将这些知识与当地农民的田间实践联系起来。我们直接与农民合作,和谷中最具创新精神的众多农民一起进行新方法的农场试验,举办农民研讨会,并组织户外集会和讨论小组。我们发现,对那些愿意在田地里进行尝试的人来说,双赢方案是有效的。因此,我们期望该技术能在整个雅基河谷中传播。

但与我们的期望相比,实际上发生的事情是怎样的呢?出于对雅基河谷可持续状况的关心而非只是把研究结果发表了就结束,我们团队在几年后再次进行了调查以评估进展情况。我们发现,实际上农民施用的平均化肥量是**变多**了而不是变少。尽管存在双赢的机会,且减少化肥用量可以直接带来经济效益,但他们还是对每种作物都施用了更多肥料。显然,我们对这个社会 – 环境系统中的某些内容缺乏了解!

在雅基河谷研究的下一阶段,我们试图理解在当地的决策系统中到底发生了什么。我们研究了"知识系统"——一种由在决策中产生、整合并使用信息的参与者及其组织构成的网络。图 A.8 的左上角显示的是我们一开始所认为的知识系统结构。这个系统包括来自大学的研究人员与关键科学家如 CIMMYT 的奥尔蒂斯 – 莫纳斯泰里奥及全国推广小组的其他人,还包括创新的农民。但当我们具体分析这个知识系统时,发现情况比我们假设的要复杂得多(图 A.8)。

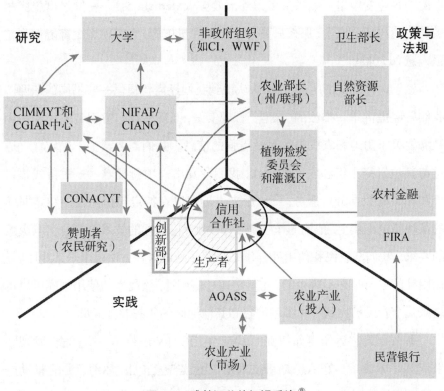

图 A.8 雅基河谷的知识系统[⑧]

在这个知识体系中有许多重要的参与者,但我们发现最关键的一环是信用社。这些信用社本质上属于农民协会,都是受人尊敬和信任的组织,农民只要花钱就能加入。信用社为种子、肥料和其他农业投入提供信贷、商品市场的准入资质与相关信息及管理方面的建议。我们通过分析发现,他们的建议是有附加条件的。信用社或多或少会告诉农民"如果你想拿到贷款,那就记住肥料的施用多多益善"。那么,为什么信用社会给出这种建议呢?当然,对信用社来说,让其成员以信贷方式购买农业投入品是一种经济激励,但还存在另一个原因。信用社意识到农民面临着很大的不确定性:农场与农场不同、土壤与土壤不同、农民与农民不同、年份与年份不同,每种差异都会导致不同情况的出现。信用社的建议其实是针对不确定性和多变性的一种应变策略:如果不考虑外部效应(externalities)——同过度施肥相关的环境与社会成本,那么只要每个人都大量施肥,大家就至少都能做到差强人意(do okay)。

鉴于这种现实情况,研究团队认识到我们还需要提供一些不同的东西。我们曾经提供单一类型的"最佳"管理实践,但现在我们意识到农民和信用社需要关于田地和农民的针对性更强的信息。我们需要减少不确定性。通过与其他研究小组和农民的合作,我们开发出一项新技术——手持式辐射计和相关的数据分析服务,可以用来告诉农民在特定年份的任何特定时间的某块特定土壤上,他们的作物需要多少肥料,这样的技术更符合实时决策的要求。我们与农民**和**信用社合作来开发并测试这种方法。出于某些原因,信用社的参与是必不可少的,尤其是通过信用社,该技术的使用规模可以迅速从几个农民扩大到整片雅基河谷和其他地区的所有农会成员。

那么今天它运作得如何呢? 2012 年,我们又进行了一次调查,发现结果依然好坏参半。好消息是新技术还在继续普及扩张,坏消息是它推动变化的速度极为迟缓。与此同时,部分农民使用的化肥还在增加(可能受到小麦价格上涨的激励,尤其是对含氮量高的优质品种而言)。为了快速普及这项技术,我们必须超越双赢方案。将最佳实践方法与农业补贴及其他农业支持的获取关联起来,这种政策已经在美国和世界上其他地区得到采用。在国家层面推行此类法规,可能是能够产生足够的影响速度与规模以推动变化的唯一途径。我们团队的成员目前正在参与这一过程。就像大多数关于可持续性转型的故事一样，这是一项尚在继续的长期工作。

在不确定性中取得的国际成功：臭氧和蒙特利尔议定书

19 世纪中期发明的机械压缩制冷式冰箱是人类健康和食品质量的福音。即使在夏季最热的日子里也能令食物保持低温，这种能力被视为一种极佳的现代便利，在诸多方面促进了人类福祉。到了 20 世纪 20 年代，尽管传统冰柜（icebox，只靠冰块来制冷）已经存在了半个多世纪且仍然是最经济的家用选择，但机械压缩制冷的冰箱为食物储存和制冰提供了新的可能。例如，在美国内战期间，南方城市新奥尔良的冰块供应被切断（原先都来自美国北方），于是一家当地公司使用从法国进口的氨水驱动冷却机为居民提供冷冻水服务。[54] 许多杂货商和托运商也对这项新技术感到兴奋。

然而，此时的冰箱并非没有问题存在。其中最重要的问题就出在标准冷却液上，毕竟氨水很容易挥发出具有爆炸性的氨气。在 1893 年的芝加哥世博会上，一个机械压缩制冷系统引发了一场大火，造成数名消防员丧生，这是一次备受关注的事件。早期的冰箱不仅体积大、噪声响、价格高，而且安全记录糟糕，因此大多数个人与家庭都不敢购买。

20 世纪 30 年代，在工业化学家寻找更安全的冷却液替代品的过程中，发明了一族新型化学品即氯氟碳化物（CFCs），其中最成功的一种被杜邦（DuPont）公司冠以商品名"氟利昂"（Freon）进行销售，很快取代了冰箱和空调原本使用的冷却剂。CFCs 后来被用于多种用途，包括作为气溶胶喷雾的喷射剂、电子元件的清洗剂及用于塑料的制造。它被证明对各行各业都非常有用，其制造产业得以迅速发展。

这些新化学品被宣称为无毒且无爆炸性的——这些说法是基于杜邦公司的科学家对其人体毒性和生态系统破坏性的全面检查。对当时的科学家来说，无论是对人还是对环境，CFCs 都是一种明智的选择。

科学发现连点成图：对潜在危害的迟缓认知

直到 20 世纪 70 年代，随着大气测量技术的改进及关于大气化学相互作用的知识变得更加复杂精细,CFCs 产生恶性后果的潜在可能才变得明显。1970 年,荷兰科学家克鲁岑(P. J. Crutzen)意识到,人类制造的氮氧化物可以同大气中的臭氧发生化学反应并对后者造成破坏,但他并没有立即意识到 CFCs 同样有可能产生类似的反应。[55] 同年,洛夫洛克(J. Lovelock)成为第一个测定大气中痕量 CFCs 浓度的人。他发现,无论是在人口稠密地区还是远离工业活动的地区,CFCs 在上方的大气层中无处不在。显然,CFCs 气体在低层大气中的化学反应性质不太活泼,这意味着它们会在周围的大气中滞留并积累,然后被大尺度的风系模式带往全球各地。虽然这是一个有趣的科学发现,但洛夫洛克并没有证据证明它值得被关注。

尽管数量非常少,但这些独特的人造化学物正在大气中积累,知道这种情况的其他科学家开始提问:它们待在那里会发生什么?加州大学欧文分校的罗兰(S. Roland)和莫利纳(M. Molina)开始与克鲁岑一起研究这些气体可能的命运与归趋。当时这项研究主要是出于科学兴趣,而非对它们预期可能产生的负面环境后果感到担忧。这些科学家表明,此类化学品在低层大气中基本上是惰性的,在穿透这些大气层的可见光辐射下保持不变,也不会与低层大气中的水和其他分子发生化学反应。它们在那里确实是"安全的",因为它们不会参与有可能产生更多有害物质的化学反应。然而,科学家的工作还表明,在 30 千米及以上的高层大气(平流层)中,CFCs 分子会被来自太阳的紫外线(UV)高能辐射分解,生成化学反应性更强的氯原子和其他氯分子的碎片。

基于实验室化学研究得出的信息(而非大气中的实测值),科学家意识到这些新生成的氯原子可以与臭氧(一种保护地表免遭紫外线辐射的气体分子)结合,然后造成臭氧的损耗。此外,他们确定在氯同臭氧发生相互作用时可以引起连锁反应,最终使单一的氯原子可以去除约 10 万个臭氧分子。因此,在 1974 年发表的一篇论文中,莫利纳和罗兰提出,即使只向大气中释放痕量 CFCs,也会大大损耗高层大气中的臭氧保护层。[56]

　　这篇论文及其相关的科学工作引起了广泛的关注。由于上层大气臭氧的损耗将导致更多的紫外线辐射到达地表,而人类和其他生物更多地暴露在紫外线辐射下将导致更多的皮肤癌、植物损伤、白内障,以及其他形式损害的增加。随着上述可能性被不断提及,臭氧问题开始向人们敲响警钟。在美国,20 世纪 70 年代初是公众对环境问题的认识加深、关注度不断提高的时期,非政府组织和媒体将这个新的关注点呈现在公众面前。

　　与此同时,全球科学界(尤其是大气科学界)对该问题感到好奇与担忧并提出质疑和挑战(就像科学家面对新假说通常会做的那样)。 如此出乎意料的结果,具有如此深远的社会影响潜力,毫不奇怪地刺激了新研究的激增。世界气象组织(WMO)也扩大了相关的研究和监测活动。同时,像经济合作与发展组织(OECD)、联合国环境规划署(UNEP)这样的国际机构及新成立的美国国家环境保护局(EPA)都开始关注潜在的监管问题,以防警报一朝变成沉重的事实。

在不确定的情况下采取行动

　　尽管警钟在 1974 年就已首次敲响,但世界各国政府又花了 13 年之久才就减少臭氧损耗风险的国际协调行动达成一致。他们最终实现了这一点,这从很多方面来看都是惊人的成就。当时几乎没有人认为这样的国际努力能够达成。签署于 1985 年的《保护臭氧层维也纳公约》(the Vienna Convention for the Protection of the Ozone Layer)和 1987 年的《蒙特利尔议定书》(the Montreal Protocol),其背后是个引人入胜的故事。经过多次国际数据共享会议,芬兰和瑞典于 1982 年提交了作为潜在条约雏形的第一份草案,后来挪威、加拿大和美国也加入了提案的修订(被称为多伦多小组)。[57]这与欧洲共同体的提案形成鲜明对比,后者对 CFCs 的控制没那么严格(当时欧洲是全球 CFCs 的主要输出地)。[58]谈判围绕着科学的复杂性和不确定性展开。甚至到了 1984—1985 年,即便日本的研究员忠钵繁(Shigeru Chubachi)和英国的南极科考队都发现了同一个看起来应该描述为南极上空"臭氧空洞"（ozone hole）的东西，但该发现也未被立即视为 CFCs 造成臭氧耗竭的证据*。针对 CFCs 的相关立法，工业界和民间团体的态度也在支持与反对之间摇摆不定。

尽管舆论环境呈现出不确定性，1987 年 9 月 16 日，24 个国家与欧洲共同体（EC，对损耗臭氧层气体的生产和消费负有最大责任的国家集团）共同签署了一项条约，目的是通过冻结部分物质的生产并将其他物质的生产减半，从而在整体上减少损耗臭氧层的物质。该条约的独特之处在于其设计的灵活性，允许减排的时间和速度随着科学结论的变化而改变（事实上，随着科学证据的增加，以及在《蒙特利尔议定书》之后几年臭氧空洞变得更加令人震惊，对该议定书的修正推动了对 CFCs 和其他损耗臭氧层物质的加速淘汰）。 此外，在这种情况下，"公约 – 议定书"形式（convention-protocol，指先行商定一般原则，然后再制定更具体的法规）的成功使其成为国际环境条约的"金标准"。[59]

紧接着议定书签署的第二年，一些国家和公司之间仍存在相当多的争论，但相对而言工业界作出了快速反应。气雾剂的替代品已在美国获得使用，并迅速传到了欧洲（很大程度上是由于公众的压力）。用于清洁电子线路板、作为制冷剂和推进剂的那部分 CFCs 的替代品开始接受毒性测试并进入市场。正如本尼迪克特（R. Benedict，他是美国参与这次行动的首席谈

---

* 1985 年 5 月，英国南极考察队队员法曼（Joe C. Farman）以第一作者身份在《自然》杂志发表论文 "Large losses of total ozone in Antarctica reveal seasonal ClOx/NOx interaction"，长期以来被认为是人类发现臭氧空洞的标志。来自南极日本观测站的忠钵繁在日本国内发表的类似论文时间更早，但影响力明显不及法曼的论文。"雨云 7 号"（Nimbus-7）卫星长期对全球臭氧状况进行监测，因此 NASA 也主张自己是臭氧空洞的发现者。但该卫星 1978 年便发射了，为何"捅破窗户纸"的是观测设备简陋得多的法曼呢？法曼和论文的第三作者尚克林（Jonathan D. Shanklin）表示：一方面，卫星软件把南极上空臭氧量减少的记录当作异常数据自动忽略了；另一方面，他们曾在 1983 年底向 NASA 反映过臭氧空洞这一发现，但没有得到后者的任何回复。

判代表）所说："通过告知生产商 CFCs 的销售额必定会下降，该议定书令私有部门在寻找替代品的过程中释放出创造性的能量及海量的资源。"[60]

国际合作的关键经验

由于《蒙特利尔议定书》的灵活性，臭氧管理的故事仍在继续。在精心描述《蒙特利尔议定书》进程和成果的众多作品中，我们发现本尼迪克特的《臭氧外交》（*Ozone Diplomacy*）读来尤为引人入胜。[61] 在书中，本尼迪克特从内部人士的视角阐述了签约进程中原汁原味的挑战和成功及签约后数年发生的事情。虽然整个故事都很有趣，但出于本书的写作目的，我们将只分享其中最关键的核心信息。

本尼迪克特的著作清晰地表明，《维也纳公约》和《蒙特利尔议定书》的成功推进取决于几个关键因素。

第一（用他的话来说，也是"最重要的"）是科学的作用。这个故事中充满了科学发现，但本尼迪克特指出仅靠科学发现本身是不够的。更重要的是，科学界必须团结在一起对研究结果开展分享学习并进行比较，从而解决科学争议，澄清不确定性，并将后续研究的重点放在最关键的课题上，包括臭氧化学和臭氧层的状况。此外，科学家还需要分享知识，以便在此基础上凝聚科学共识。由国家和国际机构进行的科学评估项目精心阐述目前的科学认知，并将其清晰地呈现在易读的报告文本中，这对教育决策者和公众至关重要。所有这些对《蒙特利尔议定书》的讨论都很重要，尤其是 1986 年由世界气象组织发起的基础广泛的评估。[62] 同样，在 1987 年之后持续进行的评估对后续的修正案来说也是至关重要的，这些修正案加速了对损耗臭氧层物质施行生产限制的进程。整个过程的底线在于科学家必须走出实验室和研究机构，帮助政策制定者理解议题的科学层面，并且要同公众和企业界进行清晰的沟通。

第二，本尼迪克特认为，公众知情权对政府动员政治意愿的过程至关重要。科学家研究结果的交流、立法听证会、媒体参与（包括印刷出版物和电视节目）及政府和非政府的教育活动，这些都有助于向世界各地的公民提供信息。美国的消费者在 20 世纪 70 年代中期就开始质询 CFCs 对环境的影响，因此到了 70 年代末，CFCs 便被禁止作为推进剂用于气雾剂罐。虽然臭氧科学的不确定性（直到 20 世纪 80 年代，大气层中都没有出现臭氧损耗的明确信号）有时会让公众感到困惑（并被某些行业的从业者及政客用来人为制造困惑），但公众对这一问题的不断深入参与最终促使人们采取行动。

第三，本尼迪克特认为，联合国在 1972 年成立的多边机构 UNEP 在整个过程中发挥了重要作用。在来自埃及的图勒巴（M. Tolba）领导下，UNEP 在各国之间动员科学界的力量，共享信息以增强公众舆论的见识深度，软硬兼施地劝导并迫使政府来到谈判桌前，并且在某种意义上成为没能参加谈判的发展中国家的代言人。

第四个关键因素是各国的政策和领导力。美国政府拥有一个资金相对充裕的庞大科学团体，他们贡献出自身的科学知识，当然还有来自世界各地的研究人员也做出了重要贡献。美国、北欧国家和加拿大的政府在谈判早期就表现出坚定承诺的态度，并颁布了一批最早的立法，禁止气雾剂罐的推进剂使用 CFCs。美国、加拿大、日本、澳大利亚、墨西哥、新西兰和苏联等国的国家领导人鼓励全体政府成员以参与国际政策进程同等的热情投入对科学、技术和经济的实情调查。

本尼迪克特指出的第五个关键因素是非政府组织（包括行业团体和公民团体）的积极参与。它们为公众提供信息，向政府施压，并向谈判者和媒体展示自身的观点。在美国，工业生产者不得不面对公众的密切关注、各州法规的集合及 EPA 对推进剂早期监管的威慑。同时，他们还担心欧洲的同行在部分市场占据优势。因此比起欧洲，美国的工业界更支持国际行动，而欧洲公司显然希望保住他们在 CFCs 市场上的主导地位，并避免支付新技术转换的必要成本。1986 年，由 500 家 CFCs 和其他损耗臭氧层物质的美国生产商及其用户组成的联盟发表了一份支持国际监管的声明。

本尼迪克特认为,推进过程本身的设计对其结果也很关键。在各国政府与 UNEP 的帮助下,复杂的挑战被拆解成若干部分,通过科学和经济领域工作组的正式研讨会、集思广益的头脑风暴会及众多双边磋商工作,在谈判前已经奠定了扎实的基础。

最后,《蒙特利尔议定书》旨在不断学习,这也许对国际合作成果的长期影响力来说最为重要。该议定书的文本灵活,可以根据定期的科学重新评估及经济和技术的更新进行调整。在制定《蒙特利尔议定书》时,还没人能证明臭氧总量出现明显的减少(这一损耗记录在之后的 20 年间才会变得清晰),而且 CFCs 与南极上空新发现的臭氧洞之间的关系仍在研究中。臭氧层的变化会给人类带来风险,对这一点几乎不存在争议(至少在谈判者之间如此),但对臭氧层变化幅度的科学估计仍有很大的不确定性。鉴于科学(尤其是研究复杂的社会 – 环境系统的科学)总是存在不确定性的,而且新的信息将陆续通过后继研究得到,该议定书选择从连续过程而非静态的解决方案中受益。事实上,《蒙特利尔议定书》已经通过调整(adjustments,用于紧急更新)和修订(amendments,用于更全面的改动)进行了多次更新。[63]

这个案例研究的底线是什么? 显然,CFCs 是一种有用的技术,有助于满足世界各地人们的一些需求和愿望。然而与大多数技术创新一样,除了解决所针对的问题,它还会在预期之外产生一些意想不到的后果,而这是当初的科学未能认知的。由好奇心驱动的发现式研究和应用引发的问题解决式研究,良好的环境测定和监测系统,政府、工业界和民间社会决策者的参与再加上一点好运气,在这些因素的共同作用下,臭氧问题被发现并得以解决。虽然平流层臭氧的损耗还没有被彻底逆转补全,但由于全社会的一致行动,其下降趋势已明显受到遏制,而且出现了显著的复苏迹象。

图表注释

① 图 A.1 中数据来源如下。

1801 年至今的数据来源：Great Britain Historical GIS, University of Portsmouth, London GovOf through time | Population Statistics | Total Population, *A Vision of Britain through Time*, www.visionofbritain.org.uk/unit/10097836/cube/TOT_POP.

1700—1800年的数据来源：J. Landers. *Death and the Metropolis: Studies in the Demographic History of London, 1670–1830*. Cambridge, New York: Cambridge University Press. 1993.

更早数据的来源：D. Keene. "London from the Post–Roman Period to 1300." In *The Cambridge Urban History of Britain*, edited by D. M. Palliser, 187‑216. Cambridge: Cambridge University Press. 2000.

D. Keene. "Medieval London and its Supply Hinterlands." *Regional Environmental Change* 12[2]: 263‑281. 2012.

② 图A.2中数据来源如下。

1850年之前伦敦数据的来源：J. Landers. *Death and the Metropolis: Studies in the Demographic History of London, 1670–1830*. Cambridge, New York: Cambridge University Press, fig. 5.3 and table 4.10. 1993.

现代伦敦数据的来源：Public Health England database, www.lho.org.uk.

A. Baker, G. Findlay, P. Murage, G. Pettitt, R. Leeser, P. Goldblatt, J. Fitzpatrick, and B. Jacobson. *Fair London, Healthy Londoners?* London Health Commission, London. 2011.

Greater London Authority Demography Team. *Infant mortality: 2002–2008*. No. Update 09‑2010. London: Greater London Authority. 2010.

1850年之前英格兰数据的来源：E. A. Wrigley and R. Schofield. *The Population History of England, 1541–1871: A Reconstruction*. Cambridge, New York: Cambridge University Press. tables 7.15: life expectancy at birth, by quartiles, and 7.19: infant mortality, by half century. 1989.

1850—1910年伦敦与英格兰数据的来源：R. Woods. *The Demography of Victorian England and Wales*. Cambridge, New York: Cambridge University Press. 2000.

③ 图A.3出处：《笨拙》杂志 © Punch Limited.

④ 图A.4出处：© Hulton Archive/Getty Images.

⑤ 图A.5出处：© Helvetas Swiss Intercooperation; Local Infrastructure for Livelihood

Improvement: nepal.helvetas.org/en/our_projects/lili.cfm.

⑥ 图A.6出处：© FMIST Nepal; Farmed Irrigation Systems Promotion Trust, fmistnepal.wordpress.com.

⑦ 图A.7中数据来源：墨西哥农业与水利资源部（SARH）；墨西哥西北农业研究中心（CIANO）；国际玉米小麦改良中心（CIMMYT）。

⑧ 图A.8中缩写（英语或西班牙语原名见附录C）：CI——保护国际基金会；WWF——世界自然基金会；CIMMYT——国际玉米小麦改良中心；CGIAR——国际农业研究磋商组织；INIFAP——墨西哥国家林业、农业和畜牧业研究所；CIANO——墨西哥西北农业研究中心；CONACYT——墨西哥国家科学技术委员会；FIRA——墨西哥农村发展信托基金；AOASS——索诺拉州南部农民合作社。图A.8出处：E.McCullough and P.Matson. "Linking Knowledge with Action for Sustainable Development: A Case Study of Change and Effectiveness." In *Seeds of Sustainability: Lessons from the Birthplace of the Green Revolution in Agriculture*, edited by P.Matson,63–82. Washington,DC:Island Press. 2012.

附 录 B

术 语 表
（按汉译术语的汉语拼音排序）

安全（Security）联合国开发计划署（UNDP）将人类安全定义为"免于匮乏和恐惧的自由"。在这个意义上，人类安全不仅包括国家之间的和平，而且包括个人免受犯罪、歧视和饥饿之害的自由（第2章）。

包容性社会福利（Inclusive Social Well–Being）包容性社会福利指个人在不同空间和时间上的福利的汇总。我们将不同地点和时间的"可持续发展"统一定义为包容性社会福利不会下降的发展。我们经常使用"包容性福利"或更简单的"福利"作为"包容性社会福利"的简称（第2章）。

边界工作（Boundary Work）边界工作的概念体现以下过程：学术界的研究者共同体通过实践和其他形式的知识，构建自身与行动、政策制定界域的关系。该概念已被应用于科学和政策之间的交叉环节，在更广义的情况下，还被用于在知识和行动之间进行调解的组织活动尝试中。边界工作的中心思想是：参与者对什么是可靠的（或有用的）知识持有不同看法，这会导致紧张，如果要基于研究知识实现潜在的社会利益，就必须有效地管理这类紧张关系（第5章）。

参与者（Actors）参与者是参与决策制定过程或者将受到决策影响的人员、团体或组织。参与者可以大到国家或跨国组织，也可以小到家庭或个人。参与者具备的特征包括价值观、信仰、权力、议程、兴趣、能力和动机（第2章和第4章）。

创新（Innovation） 我们采用布鲁克斯（Harvey Brooks）的概念化方式，他将创新描述为"技术被构思、开发、知识编码成典（codified）和实现的过程"。这并不是一个表面看来的狭义定义，因为布鲁克斯对句中"技术"持广义理解，他将其描述为同"如何以明确且可重复的方式实现某些目的"相关的人类知识。因此，这种技术以及创新的定义中不仅包括设备，而且包括政策和程序（各章皆有）。[①]

脆弱性（Vulnerability） 脆弱性指遭受伤害的可能性。在社会－环境系统和可持续发展的语境下，脆弱性指的是一个系统或系统的组分（如人类群体、基础设施、生态系统、水资源）因干扰而受损，随后影响到包容性福利的最可能状况（第 3 章）。

搭便车（Free–Ride） 搭便车指从共享的物品或服务中获益而不为其提供贡献，这是一种常见的合作障碍（第 4 章）。

动机（Motivation） 集体行动会发生崩溃，这种现象的常见成因之一与个人为共同利益做贡献的动机（愿望）薄弱有关。一个人的现状越好，其对可能改变现状进程的投资动机就越弱。即使此人确实希望看到现状的改变，他也会倾向于让别人来担负改变过程中的重任（第 4 章）。

发展（Development） 根据布伦特兰委员会的说法，"发展指所有人"在其所处的环境中"为改善自身命运而做的事情"。我们在未经修饰的意义上使用"发展"这个词，指的是经济、人类和社会的同步发展（第 1 章、第 2 章）。

反馈回路（Feedback Loop） 当一个系统的某一部件或组分（某个特定的过程或变量）发生变化，并最终反过来影响该部分时，就产生了反馈。反馈要么增强该部分的变化（正反馈），要么抑制该变化（负反馈）。反馈是一连串事件的结果，有时很难测量或预测（第 3 章、第 4 章）。

福利（Well–Being） 福利是一种舒适、健康且安全的状态，这种状态的实现是由于基本需求得到了满足，并能获取健康、教育、社群和机会。人类对福利的体验核心在于物质、社会和个人方面成就感的结合（第1章、第2章）。另见"福利的构成要素"条目。

福利的构成因素（Constituents of Well-Being） 构成因素指部件、组分或维度。因此，一个人外表的构成因素包括脸、体形、衣着以及类似的东西。福利的构成因素是人们认为对他们最重要的"美好生活"的各个方面，所以因人而异。然而，对大多数人来说，福利的重要构成因素包括满足他们对食物、水、住所、能源和人身安全基本需求的能力。许多人会在基本需求清单上添加额外因素：获取健康、教育、自然、归属感以及塑造自己生活的能力和机会。这就意味着不仅满足"活着"，而且要活得很好（第2章）。对比"福利的决定因素"条目。

福利的决定因素（Determinants of Well-Being） 决定因素指终极成因。因此，一个人外表的决定因素指他们的遗传、年龄、营养史等。福利的决定因素是推动可持续发展的资本资产的存量：自然资本、人力资本、制造资本、社会资本和知识资本（第2章）。对比"福利的构成因素"条目。

复杂适应性系统（Complex Adaptive Systems） 复杂适应性系统是由多个相互关联的组分组成的系统，反馈和时滞影响组分的相互作用，非线性和引爆点特性影响系统对干预的反应方式，而且系统具有自组织和涌现的特点，这使得作为整体的系统行为比单个组分行为的简单加和所能预测的更为复杂、有序（第3章）。

干预（Interventions） 我们把"干预"作为泛称术语使用，囊括人们为改变发展道路可做的所有事项。这包括新的或现有但未被使用的政策、技术、工具和信息的引进。我们将这种"干预"概念与狭义的"创新"概念区分开来，后者表示新技术和新政策的创造（第1章）。

公池资源（Common-Pool Resource） 许多自然资源（如森林、地下水和渔业资源）可被视为公池资源（CPR）。公池资源有两个决定性的特征：它们是有限的资源；很难阻止他人攫取公池资源并从中受益。由于这些特性，需要建立被资源使用者认可的规则体系以控制公池资源的获取并规范使用（第 4 章）。

管理（Management） 在社会 – 环境系统的背景下，管理指人们在与资本资产的直接相互作用中进行的日常活动。从这个意义上说，管理是一种操作性的、现场层面的活动，其目的是改变资本资产在某一方面的生产力。一个与自然资本相关的例子是：为了提高木材采伐的商业利润，对树木进行修剪或有选择的砍伐（第 4 章）。

规则（Rules） 规则有助于组织社会 – 环境系统的作用方式。人们在协商一致后创建、实施规则，这就意味着他们参与了治理过程（第 4 章）。

环境服务（Environmental Services） 见"生态系统服务"条目。

恢复力（Resilience） 恢复力指社会 – 环境系统在胁迫、挑战和外部力量的负面影响下仍能继续运作并维持其当前运作模式的能力。虽然目前并没有一套明确的恢复力特征，但通常讨论的是多样性、冗余性和连通性，在社会 – 环境系统的背景下，这些特征都涵盖系统的社会部分与环境部分（第 3 章）。

机会（Opportunity） 机会是使某些事有可能做得到的一系列环境，而这种可能性允许人们能对他们想要如何生活、想做什么事进行选择。机会是福利的一个重要组分，因为它影响到对"真正的自由"（换言之，在个体素质所及的范围内，个人追求人生的选择不受约束的能力）的体验（第 2 章）。

激励（Incentives） 激励指能够促使参与者去做某件事的东西——个人认为与自己和他人的行为有关的预期奖励与惩罚。奖励可以是货币性的，如工资、税收减免、退税返利 * 或奖金。奖励也可以是非货币性的，包括同龄

---

* 此处退税的英语原文为 rebate，指基于特定条件（如为了激励特定行为或为特定群体减负）的税款返还，往往是一次性的，而且与纳税人实际支付的税款数量可能没有直接相关性。因此，rebate 与通常意义上"纳税人支付的税款超过实际应缴税额时"的退税（英语原文为 tax refund）并非同义词。

人的尊重、学习新技能或知识的满足感、关爱之情以及"我做得对"的感觉。不同种类的惩罚与威胁也可以起到激励作用。这种惩罚可能是诉讼的威胁、消费者的抵制、罚款、监禁、社会排斥或失业。这个术语与治理的概念密切相关,通过这个概念产生的激励机制,促使个人做出克服集体行动难题和外部性的决定(第4章)。

集体行动(Collective Action) 集体行动指两个或更多参与者合作完成一个目标,该目标是单一参与者无法独自实现的。例如,一群农民建立并维护一个灌溉系统,或者一群学生组织一场运动,抗议大学拒绝采用零碳排放目标。一个正常运作的社会具有许多特征,诸如法律与秩序、公共安全、经济增长和环境保护,这些特征都在很大程度上依赖互相协调的集体行动(第4章)。

集体行动问题(Collective–Action Problem) 当多个参与者未能完成共同目标时就会发生集体行动问题。治理安排的创建过程中往往面临着潜在的集体行动问题。理解可促使不同的治理参与者走到一起并积极献策,为代表共同利益的治理对策做出贡献,这一过程会令克服集体行动问题的可能性大大增加(第4章)。

技术(Technology) 我们采用布鲁克斯对技术的广义定义,即关于"如何以明确且可重复的方式实现某些目的"的人类知识。因此,技术不仅包括设备,还包括政策和程序(各章皆有)。[②]另见"创新"条目。

健康(Health) 健康是个人精神状况和身体状况的表现,它可能是福利中最普遍且最易分辨的组分。没有良好的健康,个人的生活质量就会受到影响,使个人和社群更难得到潜在的或其他方面的福利。健康的人有助于构成强大的人力资本,因此健康既是福利的决定因素,也是福利的组分(第2章)。

教育(Education) 教育即从系统性的教学中获取的知识,它是个人自我进步的基础,也是作为整体的人类集体进步的基础。教育使人们能够利用世界上的知识资本宝库(第 2 章)。

可持续发展(Sustainable Development) "可持续发展"一词的现代用法基于世界环境与发展委员会(WCED, 又称布伦特兰委员会)在 1987 年给出的定义: 如果发展 "既能满足当代人的需求, 又不会损害后代满足其自身需求的能力", 那么它就是可持续发展。在本书中, 我们将布伦特兰委员会对 "需求" 的关注加以扩展以涵盖更广泛的 "福利" 概念。我们保留了委员会关于 "发展应涉及现在和未来的所有社会成员" 这一观点, 并以术语 "包容性社会福利" 体现该观点。在我们的用法中, 如果包容性社会福利在跨越多代人的时间里始终没有下降, 那么发展就是可持续的。这也是我们对 "可持续性" 采用的定义, 因此, 我们会将这两个术语互换使用(第 1 章)。

可持续性(Sustainability) 可持续性是一个人们普遍使用的术语, 它有多种隐性含义。大多数人都认识到, 为了在当下与未来保持繁荣的能力, 不仅需要我们更多地关注经济和社会的进步, 还需要对 "生命支持系统" (基本的环境资产与资源资产) 进行保护, 它是我们对繁荣的期望所依赖的系统。在本书中, 可持续性的实现指的是包容性社会福利在跨越多代人的时间里不会发生下降。这也是我们对 "可持续发展" 的定义, 因此, 我们会将这两个术语互换使用(第 1 章)。

可持续性科学(Sustainability Science) 可持续性科学就像之前的健康科学或农业科学一样, 属于 "应用引发型研究" 领域, 这类科研为解决社会问题而创造知识。可持续性科学尤为强调将研究和实践相结合, 它聚焦于环境和发展之间的相互作用, 并就此开展应用引发型研究以促成可持续性目标(第 1 章、第 6 章)。

可持续性转型(Sustainability Transition) 与其说可持续发展是一个有明确终点的目的地(destination), 不如说它是一种目标驱动型进程(goal-driven process)。可持续性转型涉及对这些进程的改进, 也就是通过 "扭转轨迹曲线" (bend the curve)使其从当前不可持续的轨道转向与可持续性目标的一致性更高的轨道（第1章、第6章）。

可靠性（Credibility） 可靠性是对知识的一种感知，特别是涉及对知识真实性可能的看法：新知识的潜在使用者是否有理由相信提供新知识的人或组织确实知道自己在说什么？为了将知识与实践联系起来，必须在特定背景下为特定用户构建可靠性，并建立方便用户使用的标准。当可靠性与其他属性如突显性和正当性相结合时，就产生了信任（第5章）。

连通性（Connectivity） 一般来说，连通性是被联系或连接的状态或程度。更具体地说，连通性指资源、物种、决策者和社会 – 环境系统的其他组分在生态景观或社会景观中相互作用与传播的方式（第3章）。

模型（Models） 模型是对现实系统或理想化系统（即情景）的简化表述。模型可以是概念性的文字模型，也可以是形式化的数学模型，它们以各种方式被用在可持续性科学的研究中（第3章）。

能力（Capability） 能力指做事的力量或才能（ability）。人们的能力与他们的经验、教育和实践知识水平有关，此外还与社会或政府提供的机会相关（第2章）。

评估（Evaluation） 评估是可持续性科学中的一个核心概念，这是因为它是一种实用驱动性追求。在可持续发展的名义下，我们试图评价自身的发展是否一直保持可持续，或者某个特定的未来政策或轨迹是否会促进可持续发展。我们在广义上使用这个词，包括其他文献中的狭义评估、分析和报告（第1章）。

权力不对称（Power Asymmetries） 当一些参与者比其他参与者更有权力时就会存在权力的不对称（不平等，inequalities）情况。掌握权力的基础可以是经济性、社会性或政治性的。当参与者在决策桌前没有发言权（甚至没有列席权）时，他们在治理过程中就缺乏权力。当这种情况发生时，集体决策过程就可能做出无视被边缘化群体需求的决定。子孙后代也是一个群体，他们的需求可能未在治理决策中得到考虑（第4章）。

人类－环境系统（**Human–Environment Systems**）见"社会－环境系统"条目。

人力资本（**Human Capital**）人力资本是体现在个人身上的系统生产性资产存量。我们重点关注共同决定人力资本的量和质的 3 个组分：① 人口规模、年龄结构和地理分布；② 群体健康状况；③ 构成群体者的后天能力（教育、经验、默会知识）。一个有益的观点是将高人力资本视为"健康的、受过良好教育的、有技能的、有创造力且乐于创新的人"，可持续发展的一个关键任务是弄清如何培养这些特征（第 2 章）。

社会－环境系统（**Social–Environmental System**）社会－环境系统包括人类群体，他们的制度、技术和制成品，以及地球的资源和环境，所有这些都以紧密方式相互作用。社会－环境系统是复杂系统，所含的大量元素或组分以不同的方式相互作用——有正、负反馈，也有跨越空间和时间的无形联系，还有非线性和引爆点。这些相互作用都会影响系统的运作方式和每次干预的变化方式。社会－环境系统也被称为人类－环境系统或社会－生态系统（第 1 章、第 3 章）。

社会－生态系统（**Social–Ecological System**）见"社会－环境系统"条目。

社会资本（**Social Capital**）社会资本包括经济、政治和社会安排（诸如法律、规则、规范、网络、制度和信任），它们影响着人与人、人与环境、人与社会－环境系统的其他组分如何相互作用（第 2 章）。

社群（**Community**）社群指某一特定地理空间内社会系统相互作用的总体。社群在某种程度上具有"共同命运"（例如，可能一同经历飓风或地震），而其组分为制造资本、社会资本、人力资本和自然资本的独特组合（第 2 章）。

生产过程（**Production Processes**）生产过程将资本资产转化为人们可以使用或消费的产品和服务，例如食品、电力、服装、住房、制成品的生产。

同时,生产过程还伴随着废弃物的产生(第 2 章)。

生产性资产(Productive Assets) 见"资本资产"条目。

生命支持系统(Life Support System) 地球的生命支持系统包括大气层和气候之间的相互作用,关键物质(如氧气、碳、氮、磷和水)的处理,生态系统与生物多样性,土壤、矿物以及共同构成生命基本要素的其他资源(第2 章)。

生态系统服务(Ecosystem Services) 生态系统服务指人类通过环境中生态系统功能的执行所获取的利益(例如,生态系统对水的过滤和储存,对大气二氧化碳的吸收和释放,食物和纤维的生产,土壤侵蚀的控制)。从术语的技术细节角度来看,"生态系统服务"是"环境服务"的一个子集,但在实践中这两个术语通常可以互换使用(第 2 章)。

适应(Adaptation) 适应一般指一种学习周期。适应在整个创新周期中贯穿始终:初始知识的贡献被优化以更好地满足特定用户的需求及适应生产过程的特征,或者利用新发现和新知识。适应受到的阻碍包括刻意保持愚昧、拒绝承认错误和缺乏知识的共享平台等(第 5 章)。

适应性管理(Adaptive Management) 适应性管理是一个活跃的研究和实践领域。它将政策和管理制度视为可供借鉴的实验,而非盖棺论定的"最佳选择"。它的重点是精心设计干预措施以最大限度地从中学习经验与教训,实施适当的监测制度以尽早发现失败的政策和管理制度并及时撤销,从而为备选的其他干预措施腾出空间(第 5 章)。

突显性(Saliency) 突显性(突出性或重要性, prominence or importance)指的是对知识相关性(relevance)的感知:潜在用户是否认为自己得到的专家建议或新技术与他们的真正需求相关?调整知识生产工作的方向以确保它们突显潜在用户最强烈的需求(而且潜在用户能从知识的表现中看清这点),这是建立可信且有影响力知识的重要步骤(第 5 章)。

外部力量(External Forces) 外部力量是从系统边界外对系统施加的

力。在一个社会－环境系统的所有尺度上（以及在一个系统内的所有治理层面上）都存在某一特定层面（如家庭、社群或区域）的参与者无法控制的因素。外部力量的例子包括太阳辐射、气候变化、全球人口增长、自然灾害、全球价格波动、政治等级制中来自更高层级的决定和国际协议（第 3 章、第 4 章）。

外部性（Externalities） 外部性通常被理解为某一活动的副作用，它影响到其他各方，但未被反映在该活动所提供产品或服务的成本中。有时，在某个社会－环境系统中做出的单独决定会对没有直接参与决策过程的人和系统产生重大影响。当这些损害性后果形成时，它们被称为"负外部性"，因为决策对决策环境外的第三方产生了不利影响（例如将废弃物排入河流）。正外部性同样存在，其中与可持续发展最为相关的形式可能是技术革新。发明者经常碰到自身工作的成果被他人无偿使用的情况，而后者从未承担研究和实验的成本和风险。隐形性使社会－环境系统的管理充满挑战，外部性是隐形性的一种表现示例（第 3 章、第 4 章）。

物质需求（Material Needs） 见"需求"条目。

系统（System） 系统是一个有边界的区域，系统内部含有一组相互联系、相互作用的要素或组分。例如，无论是森林、湖泊、草原、珊瑚礁还是农田，它作为一个生态系统都是由区域内的全部有机体（微生物、植物和包括人类在内的动物）与土壤、水、空气、岩石及其他化学物质等组成。它们在生态系统中相互作用，而生态系统还包括使用或管理这一系统的人。可持续性研究对社会－环境系统尤其感兴趣（第 3 章）。

系统存量（System Stocks） 系统存量是系统中特定组分的数量，例如森林中树木的生物量、储水池或含水层中的水量、办公大楼或城市中的人口数量（第 3 章）。

系统流／系统通量（System Flows） 在任何系统中，存量的规模或数量都是由输入和输出（或流入或流出）控制的。例如，我们考虑某个特定的时间点在浴缸里的水量（水的存量），它会随时间变化，这正是因为该存量是水的流入量减去流出量的函数（第 3 章）。

消费过程（Consumption Processes） 消费过程可以被定义为人类使用生产过程所创造的产品和服务以实现（或未能实现）可持续发展目标（在我们的案例中指的是包容性社会福利）的过程。在可持续性背景下消费很重要，因为它是满足众多需求的过程，但它也可能使材料或能源在未来变得更少，或者可能改变生态系统，使其在现在和未来提供的服务更少，甚至可能威胁到人类健康、福利或其他人们重视的东西（第 2 章）。

信任（Trust） 我们使用"信任"的广义定义，即"某人对他人的承诺持有正确的期望……包括依照社群传统习惯的规范使用暗示方式表达的隐含承诺情况"（第 2 章、第 5 章）。③

信息问题（Information Problems） 信息问题与集体行动相关，体现为参与者对可行选项及其执行结果的认知差异，或他们与互动的其他参与者在特点与偏好上的差异（第 4 章）。

行动（Action） 行动包括人们选择去追求的行为、决定和日常管理实践（第 4 章）。

行动力（Agency） 行动力指某参与者独立行动并自行做出决定的能力。虽然行动力是一个抽象的概念，很难直接衡量，但可以通过比较参与者获得政治权力、财政资源和信息的情况，来描述其相对于其他参与者的行动力高低程度（第 2 章、第 4 章）。

需求（Needs） 需求（基本要素或必需品）可能很难定义，因为相对于物质期望（wants）或奢侈品而言，人们对需求往往持有不同的理解，但在最基本的层面上，人类都需要食物、水和住所来生存。当这些物质需求得到满足时，它们为福利提供了一种基础，在此基础上可以谋求个人或职业的发展。在可持续发展中，短期需求不会压倒人们的长期需求，代内福利不会压倒代际福利，个人或社群的需求不会压倒其他地方其他人的需求（第 2 章）。

学习（Learning）在实用的意义上，学习可被定义为获取新的或改善现有的知识、技能和行为的过程。学习对建立韧性系统具有决定性作用（第3章）。

引爆点（Tipping Point）引爆点是一个关键阈值，当某些系统参量位于该阈值附近，即使是十分微小的扰动也足以改变这个系统的状态或基本功能的运行方式，从而导致系统发生状态转换（第3章）。

隐形性（Invisibilities）隐形性指具有看不见的、隐瞒的或隐藏的这类属性。在社会－环境系统中，隐形性指的是系统之间跨越空间和时间的联系不明显（例如，污染物在空气或水中的转移），以及在某个地点或时间点做出的决定会对遥远的他乡和未来产生诸多后果，从而影响并未参与决策的人和社会－环境系统（第3章）。另见"外部性"条目。

应用引发型研究（Use–Inspired Research）应用引发型研究是同时有助于探索发现（基础研究）和解决问题（应用研究）的研究，并且能够促进这两种研究类型之间的相互作用（第1章、第6章）。

正当性（Legitimacy）就我们的目的而言，正当性是关于知识的信任维度中最微妙的一个维度。正当性与对公平、无偏和尊重的感知相关。其他有助于产生对知识信任的维度是可靠性和突显性（第5章）。

政治过程（Political Process）政治过程的重点是特定参与者之间相互影响从而做出集体决定的方式。政治过程可以表现出不同程度的透明性、可问责性、代表性和正当性（第4章）。

知识资本（Knowledge Capital）知识资本的定义同时涵盖概念性知识和实践性知识，包括泛指的各种原则、信息、事实、设备和程序，这些都是无形的公共物品。原则上，知识资本可以被任何希望用它的人使用，而且可以重复使用，不会耗尽（第2章）。

制度（Institutions）见"制度安排"条目。

制度安排（Institutional Arrangements）制度安排是某个社会的"游戏

规则"，它影响着人与人、人与社会 – 环境系统的其他部分如何相互作用。这些规则可以是正式的，也可以是非正式的。规则的例子包括政策、法规、地方规范和习俗、合同和产权安排。规则不仅规定了使用、管理社会 – 环境系统的权利和责任，还规定了谁有责任监督与推进规则的执行（第 4 章）。

治理（Governance） 治理的概念既包括规则，又包括制定和使用这些规则的过程。在本书使用的对"可持续发展"的理解框架（图 2.1）背景下，治理的"规则"是某一特定社会的社会资本资产的重要组分。我们称这些规则为"制度安排"。首先，制度安排以可以做、必须做或不可以做什么的约定形式，反映了社会对人与人之间、人与资本资产之间相互联系的各个方面。其次，它们还规定了谁有权利和责任来监督、执行规则。最后，它们规定了谁有权参与制定新规则、修订现有规则的治理过程，这提供了一种可以改变社会 – 环境相互作用的手段，从而使人类活动不至于造成子孙后代所依赖的整体资产基础出现下降。社会改革的参与者和执行者通过同意创建、实施和遵守规则参与了治理过程。治理对于追寻可持续性非常重要，因为治理规则或制度安排是社会资本的核心组分，因此也是包容性财富和福利的决定因素之一（第 4 章）。另见"治理过程"和"制度安排"条目。

治理过程（Governance Processes） 治理过程制定新规则并修订现有规则，提供了一种可以改变社会 – 环境相互作用的手段，从而使人类活动不至于造成子孙后代所依赖的整体资产基础出现下降。社会改革的参与者和执行者通过同意创建、实施和遵守规则参与了治理过程（第 4 章）。参见"治理"和"制度安排"条目。

制造资本（Manufactured Capital） 制造资本（有人称之为"生产性资本"，produced capital）包括人类制造的工厂、交通系统、住宅和能源基础设施以及丰富我们日常生活的物品——从书籍和艺术品到鞋子和毯子。尽管制造资本为人类福祉做出了许多贡献，但它也会对生产基础中其他形式的资本造成损害，从而形成对可持续发展目标的挑战。例如，为制造业提供资源而对森林造成的破坏,会导致一系列生态系统服务的减少(第 2 章)。

状态转换(Regime Shift) 状态转换是系统中大型的、持续的、通常是突然的变化。状态转换的发生来自系统中的反馈与其他相互作用和驱动因素(forcings)的重大变化(第 3 章)。

资本资产(Capital Assets) 资本资产构成了福利的最终决定因素——创造社会福利所依赖的资本存量。本书中提出的框架以资本资产的五个部分表征某个社会的资产: 自然资本、制造资本、人力资本、社会资本和知识资本(第 2 章, 图 2.1)。

资产(Assets) 见"资本资产"条目。

自然资本(Natural Capital) 自然资本是满足所有人基本需求的整个"地球系统"。它包括大气和气候、矿产资源、生态系统与生物多样性、生物地球化学循环、种植农作物的土壤、农作物本身、高质量的地下水或地表水资源、建筑材料、海洋渔业以及人类所需产品和服务的众多其他来源(第 2 章)。

注释

① H. Brooks, "Technology, Evolution, and Purpose." *Daedalus* 109[1]:65-81. 1980.

② 同上。

③ P. Dasgupta, "A Matter of Trust: Social Capital and Economic Development." In *Lessons from East Asia and the Global Financial Crisis*, J. Y. Lin and B. Pleskovic, eds.,119-155. Annual World Bank Conference on Development Economics Global. Washington, DC: World Bank. 2010.

附 录 C

首字母缩略词

AOASS：Asociación de Organismos de Agrícultores del Sur de Sonora（西班牙语原名），索诺拉州南部农民合作社

ASB：Alternatives to Slash and Burn，刀耕火种替代方案

CFCs：Chlorofluorocarbons，氯氟碳化物

CGIAR：Consultant Group on International Agricultural Research，国际农业研究磋商组织

CI：Conservation International，保护国际基金会

CIANO：Centro de Investigaciones Agrícolas del Noreste（西班牙语原名），Agricultural Research Center of the Northwest，（墨西哥）西北农业研究中心

CIMMYT：Centro Internacional de Mejoramiento de Maizy Trigo（西班牙语原名），International Maize and Wheat Improvement Center，国际玉米小麦改良中心

CONACYT：Consejo Nacional de Ciencia y Tecnologia（西班牙语原名），National Council for Science and Technology，（墨西哥）国家科学技术委员会

CPR：Common-Pool Resources，公池资源

DARPA：Defense Advanced Research Projects Agency，（美国）国防高级研究计划局

EC：European Community, 欧洲共同体, 简称欧共体

EPA：Environmental Protection Agency, （美国国家）环境保护局

FIRA：Fideicomisos Instituidos en Relación con la Agricultura（西班牙语原名）, （墨西哥）农村发展信托基金

GDP：Gross Domestic Product, 国内生产总值

GED：Gross External Damages, 外部损害总值

GIS：Geographic Information System, 地理信息系统

GNI：Gross National Income, 国民总收入

HDI：Human Development Index, 人类发展指数

IARC：International Agricultural Research Centers, 国际农业研究中心

ICRAF：International Center for Research in Agroforestry, 国际复合农林业研究中心

INIFAP：Instituto Nacional de Investigaciones Forestales y AgroPecuarias（西班牙语原名）, （墨西哥）国家林业、农业和畜牧业研究所

IPCC：Intergovernmental Panel on Climate Change, （联合国）政府间气候变化专门委员会

IPBES：Intergovernmental Platform on Biodiversity and Ecosystem Services, 生物多样性和生态系统服务政府间科学政策平台

IWI：Inclusive Wealth Index, 包容性财富指数

LCA：Life Cycle Assessment, 生命周期评价

MA：Millennium Ecosystem Assessment, 千年生态系统评估

MCA：Multicriteria Analysis, 多标准分析

NASA：National Aeronautics and Space Administration, （美国）国家航空航天局

NGO：Non-Governmental Organizations, 非政府组织

NOAA：National Oceanic and Atmospheric Administration, （美国）国家

海洋和大气管理局

OECD：Organization for Economic Co-operation and Development，经济合作与发展组织，简称经合组织

PPP：Public-Private Partnerships，公共私营合作制

RCTs：Randomized Controlled Trials，随机对照试验

RISA：Regional Integrated Sciences and Assessment，区域整合科学与评估

SARH：Secretaría de Agricultura y Recursos Hidráulicos（西班牙语原名），Ministry of Agriculture and Water Resources，（墨西哥）农业与水利资源部

TNC：The Nature Conservancy，大自然保护协会

UNCED：United Nations Conference on Environment and Development，联合国环境与发展会议

UNDP：United Nations Development Programme，联合国开发计划署

UNEP：United Nations Environment Programme，联合国环境规划署

UNESCO：United Nations Educational, Scientific and Cultural Organization，联合国教育、科学及文化组织，简称联合国教科文组织

UV：Ultraviolet，紫外线

VA：Value Added，（市场价值的）增加值

WBCSD：World Business Council for Sustainable Development，世界可持续发展工商理事会

WCD：World Commission of Dams，世界大坝委员会

WCED：United Nations World Commission on Environment and Development，世界环境与发展委员会

WMO：World Meteorological Organization，世界气象组织

WWF：World Wide Fund for Nature，世界自然基金会

附　录　D

汉英人名对照表

（按汉译人名的汉语拼音排序）

安德森, 克里斯特	Krister Andersson
安德森, 雷	Ray Anderson
奥尔蒂斯 – 莫纳斯泰里奥	Ivan Ortiz–Monasterio
奥斯特罗姆	Elinor Ostrom
巴斯德	Louis Pasteur
本尼迪克特	Richard Benedict
博洛格	Norman Borlaug
布劳恩加特	Michael Braungart
布伦特兰夫人	Gro Harlem Brundtland
达斯古普塔	Partha Dasgupta
狄更斯	Charles Dickens
迪斯累里	Benjamin Disraeli
道尔, 柯南	Arthur Conan Doyle
弗雷	Bruno Frey
福龙达	Maria Foronda
哈丁	Garret Hardin
霍肯	Paul Hawken
洪堡	Alexander von Humboldt
卡德纳斯	Juan Camilo Cardenas

补充阅读资料

第1章

以下是关于可持续发展的几种视野广阔的学术观点，这些观点与我们所持观点的差异饶有趣味。

1. World Commission on Environment and Development (The Brundtland Commission). *Our Common Future*. New York: United Nations. 1987.

这份来自一代人以前的报告（《布伦特兰报告》，又名《我们共同的未来》）在全球开启了关于可持续发展的现代思想的时代。它显然已经有些过时了，但仍然值得一读。报告反映出委员会访问世界各地、收集数据和证据来支持其工作的无与伦比的努力。委员会主席所作序言尤其值得关注。报告可以通过以下链接在线阅读或免费下载：www.un-documents.net/wced-ocf.htm.

2. J. Sachs. *The Age of Sustainable Development*. New York: Columbia University Press. 2015. 共544页。

该书是一部可持续发展领域的百科全书式报道，作者是该领域的国际领袖之一，在他的领导下创建了一套于2015年后正式运作的可持续发展目标（SDGs）。该书涵盖了比本书更多的重要主题：各章讨论了能源、农业、城市和其他发展实践中的可持续性，以及这些发展过程带来的气候变化和生物多样性损失风险。在思考可持续性时，与我们在本书中所做的简短研究相比，该书的世界观更为全面。但这并不是没有代价的，该书的分析可能对长远未来的指导价值较小，分析框架的一致性也较差。

3. W. M. Adams. *Green Development: Environment and Sustainability in the Third World*, 3rd ed. London: Routledge. 2008. 共480页。

该书在这个领域的持久影响力可能仅次于《布伦特兰报告》。这种强烈影响力的原因之一是该书深深植根于作者的广泛经验，他在世界上最贫穷但增长最快的一些地区参与了发展与环境之间相互作用的处理过程。书中讨论了与这类地区相关性最高的问题——旱地、水坝、生物多样性保护等。也许最重要的一点是，该书对所谓可持续性"主流"思想的替代方案(包括我们的方案)提供了评估,例如生态女性主义、深层生态学、生态社会主义和政治生态学。这是我们所知均衡性最强的评估之一。

4. R. W. Kates, ed. *Readings in Sustainability Science and Technology.* CID Working Paper No. 213. Center for International Development, Harvard University. Cambridge, MA: Harvard University, December 2010.

该书作者是一位获得过总统科学奖的地理学家,他编写的这份带注释的"读者指南"囊括了该领域的经典期刊和报告。无论是作者对推荐阅读作品的评论,还是他为该领域内新兴前沿的文献提供理解框架的努力,都使得浏览这份指南成为一件快事。

5. T. E. Graedel and E. van der Voet, eds. *Linkages of Sustainability.* Cambridge, MA: MIT Press. 2010. 共552 页。

该书探讨了不同的发展部门如何经由对关键物质和能源的共同资源需求进行互动(例如能源和农业部门对水资源的竞争)。该书召集国际作者群以确定这些共同需求对可持续发展可能造成系统制约之处,并评估了克服这些制约的可选方案。

第 2 章

1. P. Dasgupta. *Human Well-Being and Natural Environment.* New York: Oxford University Press. 2004. 共376页。

关于我们在本书中呈现的理论框架,该书是其最完整的发展成果总结。该书提出可持续发展应根据人类福祉来定义,并认为可持续发展的决定因素是社会的资本资产。这一点对发展中国家的穷人来说尤为敏感,因为自然资本往往是他们最大的资产,但这种资产在传统发展模式中被系统性低估,并经常因此出现退化。作者对核心论点进行了规范的数学处理,不过此外的文本内容对看不懂公式的读者来说仍然是可以理解的。

2. A. Sen. "The Ends and Means of Sustainability." *Journal of Human Development and Capabilities* 14 (1): 6-20. 2013.

这篇文章最初发表于2000年,提出了"人类福祉"应扩展为包括人们塑造自己生活的能力在内的广义概念。该文也有力地证明了在可持续发展的最终结果(ends, 也就是目标)和我们希望实现这些结果时采用的手段(means)这两者之间进行区分的重要性。作者呼吁学者和领导者建立合作,提供追寻可持续性所需的"知情的明智鼓动"。

3. World Bank. *The Changing Wealth of Nations: Measuring Sustainable Development*

in the New Millennium. Washington, DC: World Bank. 2010. 共221页。

我们在本书中讨论了基于资产的可持续观,世界银行的经济学家在这类思想的构建与发展中发挥了核心作用。这是世界银行尝试全面确定其方法论的第二个案例。该书探讨了超越GDP,在国家尺度上将自然资本的价值纳入对发展进程的重新评估可能带来的影响。

4. UNU–IHDP* and UNEP. *Inclusive Wealth Report 2012(2014): Measuring progress toward sustainability*. Cambridge: Cambridge University Press. 2012 (2014). 共336页。

该报告由国际组织在上述世界银行成果的基础上合作编写。它提供了一种资本资产评估方法,通过将资本资产进行分类,评估了世界上大多数国家在可持续发展方面的进展。我们在本书的框架部分讨论过这种方法。报告随附的论文概述了这些评估背后的理论以及我们在提升可持续发展的履行能力时面临的一些核心挑战。

第3章

你可能想要了解耦合的社会–环境系统,目前尚无任何出版文本或预印原稿能完美涵盖这方面的所有内容。我们在这里能提供的是一些良好的起点。我们还有一个建议:探索社会–环境系统中整套挑战的一个好办法是去阅读《环境与资源年度评论》(*Annual Review of Environment and Resources*)。这份年刊每年对过去5年期间社会–环境系统的可持续发展最新核心问题进行回顾和总结。我们强烈推荐该刊!

1. J. Sayer and B. M. Campbell. *The Science of Sustainable Development: Local Livelihoods and the Global Environment*. Cambridge: Cambridge University Press. 2004. 共292页。

该书作者在处理发展中国家的可持续发展问题方面拥有多年经验,他们擅长通过问题导向、合作和跨学科研究来解决问题。他们的工作是我们这本书中"跨越边界工作"的一个例子,不同级别的决策者在这类工作的研究过程中发挥着重要作用。该书呼吁研究者改革我们现有的研究系统,使其更有效地实现"自然资源整合管理"(integrated natural resource management,这是发展和保护目标之间的一种协调管理)。书中介绍了几个来自发展中国家的研究案例,说明在更好地实现保护和发展的目标融合方面研究工

---

* 全称为 United Nations University–International Human Dimension Programme on Global Environmental Change,联合国大学 – 全球环境变化的人文因素计划。

作应发挥的作用。他们倡导的研究新方法与我们在本书中讨论的方法相似,都描述了多样的学术观点是如何有助于推动可持续发展的。

2. B. de Vries. *Sustainability Science*. Cambridge: Cambridge University Press. 2013. 共605页。

在可持续性科学领域,该书是我们所知的最佳综合教材。该书是硕士研究生教材,但书中的许多部分可直接用于本科高年级的进阶课程,也可用作所有研究生的案头参考书。书中使用系统动力学作为组织原则,但对过去文明和当代发展环节中人类与环境的相互作用,该书也同时提供了定性的讨论。

3. K. N. Lee, W. Freudenburg and R. Howarth. *Humans in the Landscape: An Introduction to Environmental Studies*. New York: W.W. Norton & Company. 2012. 共431页。

该教材将传统环境研究领域的科学分析与可持续发展领域的方法和观点联系起来。此书是为本科课程编写的,讨论了当前人类面临的巨大环境挑战、环境问题的出现及其应对策略。

4. H. Komiyama, K. Takeuchi, H. Shiroyama and T. Mino. *Sustainability Science: A Multidisciplinary Approach*. Tokyo: United Nations University Press. 2011. 共375页。

该著作大量借鉴东京大学可持续科学项目中整合研究系统呈现的工程学视角,对可持续科学领域的几条发展线索进行了追踪。此书提出了进一步发展可持续科学领域以及培训能为该领域作贡献的学者和从业人员的方法。

第 4 章

1. D. Acemoglu, J. A. Robinson and D. Woren. *Why Nations Fail: The Origins of Power, Prosperity, and Poverty*.[*] New York: Crown Business. 2012. 共529页。

该书从历史角度分析了人类发展的驱动因素。通过对比案例研究的证据支持,作者提出了一个令人信服的论点:包容性制度(inclusive institutions)在对社会上各种发展尝试的治理中起到了重要作用。尽管该著作更侧重经济发展,但它与本书对社会–环境系统的治理讨论直接相关。这是因为该书提供的若干论点解释了为什么某些社会能在追求可持续性方面比其他社会表现得更好。

---

[*] 该书中译本《国家为什么会失败》由李增刚翻译,湖南科技出版社 2015 年 5 月第 1 版。该书作者阿西莫格鲁与罗宾逊获得了 2024 年诺贝尔经济学奖。

2. C. Gibson, K. Andersson, E. Ostrom and S. Shivakumar. *The Samaritans' Dilemma: The Political Economy of Development Aid.* Oxford, UK: Oxford University Press. 2005. 共264页。

为什么设计、实施能有效帮助发展中国家穷人的干预措施会如此困难？为什么如此众多的外国援助项目都无法促进可持续发展？此书试图通过制度分析方法来回答这些问题。为此，书中特别关注外国援助系统内的制度安排，认为这些安排往往会产生与官方干预目标不一致的激励效果。该书的理论框架是我们在本书第4章所提出治理框架的主要灵感来源。该书适合对进一步探讨治理、制度安排和激励效果如何影响人们的实际决策和行动感兴趣的读者。

3. M. S. Grindle. "Good Enough Governance: Poverty Reduction and Reform in Developing Countries." *Governance* 17(4): 525-548. 2004.

众多致力于可持续发展的学者、从业者和政策制定者呼吁将"善治"（good governance）视为发展进程的最重要组分之一。在这篇文章中，作者强烈建议对善治的定义应更加准确且现实。她认为，善治概念若想具备现实意义，就必须在特定环境下定义治理过程中最重要的属性。对那些关注治理如何影响发展中国家可持续发展的读者来说，这种语境敏感式（context-sensitive）治理分析方法尤为有用，这是因为发展中国家的正式治理制度往往比较薄弱。

4. A. R. Poteete, M. A. Janssen and E. Ostrom. *Working Together: Collective Action, the Commons, and Multiple Methods in Practice.** Princeton, NJ: Princeton University Press. 2010. 共346页。

为了促进我们当下对公池资源概念以及如何更有效地管理这类资源的理解，该书从跨学科研究角度提供了令人信服的案例。书中以出色的概述笔法介绍了研究"共同财富"相关问题的学者面临的诸多方法论挑战，以及他们是如何通过更有效的合作来解决这些挑战的，此处"合作"指的不单是学者彼此之间的相互合作，还包括学者与作为他们研究对象的公池资源用户之间的合作。

---

* 该书中译本《共同合作：集体行为、公共资源与实践中的多元方法》由路蒙佳翻译，中国人民大学出版社 2011 年 11 月第 1 版。

5. O. R. Young. *On Environmental Governance: Sustainability, Efficiency, and Equity.**
Boulder, CO: Paradigm Publishers. 2013. 共196页。

环境治理领域的思想领袖之一在此书中对他的毕生工作进行了总结。该书以一种极易理解的笔法撰写，既避免了不必要的"学术黑话"，又没有造成信息的过度简化。这本书尤其有助于阐明多级治理（multilevel governance）的概念及其面临的挑战，书中还讨论了多级治理如何帮助我们来解决这个时代最紧迫的社会–环境问题。

第5章

1. L.van Kerkhoff and L. Lebel. "Linking Knowledge and Action for Sustainable Development." *Annual Review of Environment and Resources* 31: 445–477. 2006.

这篇论文思考了如何将可持续发展的知识与行动联系起来，为解决该问题提供了一个绝佳的概念框架，并使用该框架整理出该主题相关的大量文献的综述。该文在知识和权力之间关系的处理上表现得尤为突出，它告诉我们即使是善意最强的研究者，最终仍会在无意间为权势者（the powerful）而非弱势者（the powerless）的利益服务。

2. National Research Council. Roundtable on Science and Technology for Sustainability. *Linking Knowledge with Action for Sustainable Development: The Role of Program Managers*. Washington, DC: National Academy Press. 2006.

这份文件是由美国国家科学院主持的一个研究项目提交的报告，该项目旨在确定由美国政府支持的研究中，将知识与行动联系起来的实践尝试取得了怎样的成效。在此类联系项目中声名卓著的政府项目经理被召集到一起以确认这些项目在取得成功的过程中所面临的共同障碍，并分享他们克服这些障碍时采取的策略。

3. R. DeFries. *The Big Ratchet: How Humanity Thrives in the Face of Natural Crisis.*
New York: Basic Books. 2014. 共273页。

这本易读的原创著作追踪了人类在地球上的各个时期中操纵（manipulate）自然能力的发展。书中的展示范围从控制、利用火的能力到培育可食用植物的专门技艺，从跨越大西洋的肥料运输能力到植物基因组的选择性修饰技术。作者对我们重塑自然的能力是如何促进或危害人类福祉的历史与现状进行了公正的处理。

---

* 该书中译本《直面环境挑战：治理的作用》由赵小凡、邬亮翻译，经济科学出版社2014年6月第1版。

4. W. C. Clark, P. A. Matson and N. M. Dickson. "Knowledge Systems for Sustainable Development." Sackler Colloquium of the United States National Academy of Sciences. 2008.

这份专题特写报道了为理解可持续性知识并促进其传播而构建的一种整合方法。该特写中列举的实证研究主题范围广泛,从基本药物到低影响农业(low-impact agriculture)等,它还为支持可持续性的研究提供了一个实用框架以促进这些研究的有效性。

第 6 章

以下网络资源较能体现当前可持续发展实践中的真实状况。

1. United Nations. Sustainable Development Knowledge Platform. 访问该网址以了解各个国际委员会、国家和NGO团体的立场,历次国际峰会的历史等: sustainabledevelopment.un.org/index.html.

2. World Business Council for Sustainable Development. 关于商界立场、研究和解决方案的核心网站: www.wbcsd.org.

3. International Institute for Sustainable Development. 全球NGO工作的海量信息汇集场所,同时网站本身也呈现了一套实质性政策方案: www.iisd.org.

4. SciDev.net. 一家真正的全球性网站(同时略带前卫色彩),通过新闻加分析的形式将科学与发展结合在一起: www.scidev.net/global.

注　释

第1章

1. World Commission on Environment and Development (The Brundtland Commission). *Our Common Future*. New York: United Nations. 1987. www.un–documents.net/wced–ocf.htm.

2. UN Sustainable Development Knowledge Platform. Sustainable Development Goals. sustainabledevelopment.un.org/topics.

UN Sustainable Development Knowledge Platform. Transforming our World: the 2030 Agenda for Sustainable Development. sustainabledevelopment.un.org/post2015/transformingourworld.

第2章

1. P. Dasgupta. *Human Well-Being and Natural Environment*. New York: Oxford University Press. 2004.

United Nations International Human Dimensions Programme (UNU–IHDP) and United Nations Environment Programme (UNEP). *Inclusive Wealth Report 2012: Measuring Progress toward Sustainability*. Cambridge: Cambridge University Press. 2012.

2. International Energy Agency. Key World Energy Statistics 2013. 2013.www.iea.org/newsroomandevents/news/2013/october/key–world–energy–statistics–2013–now–available.html.

W. Moomaw, T. Griffin, K. Kurczak and J. Lomaz. *The Critical Role of Global Food Consumption Patterns in Achieving Sustainable Food Systems and Food for All*. A UNEP Discussion Paper. Paris: United Nations Environment Programme, Division of Technology, Industry and Economics. 2012.

United Nations Environment Programme (UNEP). "Trends in Global Water Use by

Sector." In *Vital Water Graphics: An Overview of the State of the World's Fresh and Marine Waters*, 2nd ed. 2008. www.unep.org/dewa/vitalwater/article43.html.

3. 见本章注释1, UNU–IHDP, UNEP.

4. 例子见本章注释1, Dasgupta.

5. United States Environmental Protection Agency (U.S.EPA). www.epa.gov/environmentaljustice/index.html.

Natural Resources Defense Council, "The Environmental Justice Movement," www.nrdc.org/ej/history/hej.asp.

S. L. Cutter. "Race, Class and Environmental Justice." *Progress in Human Geography* 19: 111‑122. 1995.

A. Iles. "Mapping Environmental Justice in Technology Flows: Computer Waste Impacts in Asia." *Global Environmental Politics* 4(4):76‑107. doi:10.1162/glep.2004.4.4.76. 2004.

6. D. A. McDonald, ed. *Environmental Justice in South Africa*. Athens: Ohio University Press. 2002.

7. Official Journal of the European Union. "Charter of Fundamental Rights of the European Union." Article 37. 2000. ec.europa.eu/justice/fundamental–rights/charter.

8. 在由政治驱动的多维度福利调查方法领域, 经济合作与发展组织（OECD）的"美好生活指数"（Better Life Index）项目提供了一个近期案例。OECD将该项目产生的数据发布在一个用户友好界面的网站上, 旨在"让人们参与关于幸福的辩论", 并强调了需要采取哪些措施来改善福利状况。用户可以应用自己的权重分配方案, 检查权衡和公平问题, 从而尽可能地提高社会对"美好生活"构成的反思能力。OECD此后在时间和空间上扩展了这项分析, 记录了自19世纪初以来全世界80%的福利构成方面的历史趋势。www.oecd.org/statistics/datalab/bli.htm.

9. J. A. McGregor, L. Camfield and A. Woodcock. "Needs, Wants and Goals: Wellbeing, Quality of Life and Public Policy." *Applied Research in Quality of Life* 4(2): 143. 2009.

10. World Health Organization (WHO). *Ecosystems and Human Well-Being: Health Synthesis*, vol. 5. 2005.www.who.int/entity/globalchange/ecosystems/ecosys.pdf.

11. A. Sen. "The Ends and Means of Sustainability." *Journal of Human Development*

and Capabilities 14(1): 7. 2013.

12. J. Kearney. "Food Consumption Trends and Drivers." *Philosophical Transactions of the Royal Society B: Biological Sciences* 365(1554): 2793−2807. 2010.

13. Food and Agriculture Organization of the United Nations (FAO), International Fund for Agricultural Development (IFAD) and World Food Programme (WFP). *The State of Food Insecurity in the World: Meeting the 2015 International Hunger Targets; Taking Stock of Uneven Progress.* Rome: FAO. 2015.www.fao.org/3/a−i4646e/index.html.

14. WHO. "World Health Statistics 2015." 2015.www.who.int/publications/en.

15. United Nations Inter−agency Group for Child Mortality Estimation (UNIGME). *Levels and Trends in Child Mortality.* Report 2015. 2015. www.childmortality.org.

16. R. Lozano, M. Naghavi, K. Foreman, S. Lim, K. Shibuya, V. Aboyans, J. Abraham, *et. al.* "Global and Regional Mortality from 235 Causes of Death for 20 Age Groups in 1990 and 2010: A Systematic Analysis for the Global Burden of Disease Study 2010." *Lancet* 380(9859): 2095−2128. doi:10.1016/S0140−6736(12)61728−0. 2012.

17. 见前一条注释。

18. K. S. Reddy and S. Yusuf. "Emerging Epidemic of Cardiovascular Disease in Developing Countries." *Circulation* 97(6): 596−601. 1998.

19. C. M. M. Lawes, S. V. Hoorn and A. Rodgers. "Global Burden of Blood−Pressure−Related Disease, 2001." *Lancet* 371(9623): 1513−1518. doi:10.1016/S0140−6736(08)60655−8. 2008.

20. R. Sicree and J. Shaw. "Type 2 Diabetes: An Epidemic or Not, and Why It Is Happening." *Diabetes & Metabolic Syndrome: Clinical Research & Reviews* 1(2): 75−81. doi:10.1016/j.dsx.2006.11.012. 2007.

21. 见本章注释18。

22. World Health Organization (WHO). *The Top 10 Causes of Death.* 2013. who.int/mediacentre/factsheets/fs310/en/index1.html.

23. M. Ezzati, A. D. Lopez, A. Rodgers, S. V. Hoorn and C. J. L. Murray. "Selected Major Risk Factors and Global and Regional Burden of Disease." *Lancet* 360(9343): 1347−1360. doi:10.1016/S0140−6736(02)11403−6. 2002.

24. 见本章注释15, UN IGME, 7.

25. UNESCO Institute for Statistics. Adult and Youth Literacy Fact Sheet. UIS Fact Sheet No. 29. 2014.www.uis.unesco.org/literacy/Documents/fs–29–2014–literacy–en.pdf.

26. 见本章注释1, UNU–IHDP, UNEP, 234.

27. Credit Suisse. *Credit Suisse Global Wealth Databook 2014*. Zurich: Credit Suisse Research Institute. 2014.publications.credit–suisse.com/tasks/render/file/?fileID=5521F296–D460–2B88–081889DB12817E02.

28. United Nations Development Programme (UNDP). *Regional Human Development Report for Latin America and the Caribbean 2010*. 2010. hdr.undp.org/en/reports.

29. UNDP. "Empowering Women Is Key to Building a Future We Want, Nobel Laureate Says." *UNDP News Centre*. 2012.www.undp.org/content/undp/en/home/presscenter/articles/2012/09/27/empowering–women–is–key–to–building–a–future–we–want–nobel–laureate–says.html.

30. S. L. Cutter, L. Barnes, M. Berry, C. Burton, E. Evans, E. Tate and J. Webb. "A Place–Based Model for Understanding Community Resilience to Natural Disasters." *Global Environmental Change* 18(4): 598–606. 2008.

31. UNDP. "The Rise of the South: Human Progress in a Diverse World." *Human Development Report 2013*. 2013. hdr.undp.org/en/2013–report, 38.

32. Millennium Ecosystem Assessment. *Ecosystems and Human Well-Being, Current State and Trends*, vol. 1, edited by R. Hassan, R. Scholes and N. Ash. Washington, DC: Island Press. 2005.www.unep.org/maweb/en/Condition.aspx#download.

33. Intergovernmental Platform on Biodiversity and Ecosystem Services (IPBES). www.ipbes.net.

34. 见本章注释1, UNU–IHDP and UNEP.

35. F. Biermann. "The Anthropocene: A Governance Perspective." *The Anthropocene Review* 1(1): 57–61. doi:10.1177/2053019613516289. 2014.

36. OECD. "Framing Eco–Innovation: The Concept and Evolution of Sustainable Manufacturing." In *Eco-Innovation in Industry: Enabling Green Growth*. dx.doi.org/10.1787/9789264077225–4–en. 2010.

37. W. McDonough and M. Braungart. *Cradle to Cradle: Remaking the Way We Make Things*. New York: Macmillan.2010.

W. McDonough and M. Braungart. "Towards a Sustaining Architecture for the 21st Century: The Promise of Cradle–to–Cradle Design." *Industry and Environment* 26(2): 13‑16. 2003.

M. Rossi, S. Charon, G. Wing and J. Ewell. "Design for the Next Generation: Incorporating Cradle–to–Cradle Design into Herman Miller Products." *Journal of Industrial Ecology* 10(4): 193‑210. 2006.

38. McDonough Braungart Design Chemistry. www.mbdc.com.

39. 见本章注释37, McDonough and Braungart 2003, 14.

40. J. E. Cohen. "Beyond Population: Everyone Counts in Development." *Center for Global Development Working Paper 220*, Washington, DC: Center for Global Development. 2010.www.cgdev.org/content/publications/detail/1424318.

Population Reference Bureau. *World Population Data Sheet 2014*. Washington, DC: Population Reference Bureau. 2014.

41. T. Hancock. "People, Partnerships and Human Progress: Building Community Capital." *Health Promotion International* 16(3): 276. doi:10.1093/heapro/16.3.275. 2001.

42. M. Pelling and C. High. "Understanding Adaptation: What Can Social Capital Offer Assessments of Adaptive Capacity?" *Global Environmental Change* 15(4): 308‑319. doi:10.1016/j.gloenvcha.2005.02.001. 2005.

第3章

1. 我们在此处讨论的复杂系统在文献中被称为"社会–生态系统""人类–环境系统""人类–自然耦合系统""社会–环境系统"。我们在本书中使用最后那个术语,这是因为我们认为它最能体现该系统的重要性,尤其是该词中的"环境"涵盖了生态系统以及气候、大气、水文、岩石和矿产资源系统,而该词中的"社会"则强调我们的兴趣着眼于社会的整体发展而非仅仅是构成社会成员的人类个体。

2. Samuel Pepys. *Everybody's Pepys: The Diary of Samuel Pepys 1600–1669*, edited by O. F. Morshead, 395. New York: Harcourt, Brace. 1926.

3. Intergovernmental Panel on Climate Change. www.ipcc.ch.

4. 这句话出自因《公地悲剧》(*The Tragedy of the Commons*)而闻名的哈丁(Garrett Hardin, 参见第 4 章)。另一句话不那么简洁,但更抒情: "当我们试图单独挑选出任何事物时,我们会发现它与宇宙中的其他一切都息息相关。"后一句话的出处: John Muir. *My First Summer in the Sierra*. Boston: Houghton Mifflin. 1911.

5. T. M. Lenton. "Environmental Tipping Points." *Annual Review of Environment and Resources* 38(1): 1-29. doi:10.1146/annurev-environ-102511-084654. 2013.

R. Biggs, T. Blenckner, C. Folke, L. Gordon, A. Norström, M. Nyström and G. Peterson. "Regime Shifts." In *Encyclopedia of Theoretical Ecology*, A. Hastings and I. Gross, eds., 609-616. University of California Press. 2012.

S. R. Carpenter. *Regime Shifts in Lake Ecosystems: Pattern and Variation*. Oldendorf, Germany: International Ecology Institute. 2003.

T. M.Lenton, H. Held, E. Kriegler, J. W. Hall, W. Lucht, S. Rahmstorf and H. J. Schellnhuber. "Tipping Elements in the Earth's Climate System." *Proceedings of the National Academy of Sciences of the United States of America* 105(6): 1786-1793. 2008.

M. R. Carter and C. B. Barrett. "The Economics of Poverty Traps and Persistent Poverty: An Asset-Based Approach." *Journal of Development Studies* 42(2): 178-199. 2006.

C. B. Barrett, A. J. Travis and P. Dasgupta. "On Biodiversity Conservation and Poverty Traps." *Proceedings of the National Academy of Sciences of the United States of America* 108(34): 13907-13912. 2001.

6. 例子见前一条注释中的T. M. Lenton, "Environmental Tipping Points".

7. 见本章注释5, Carpenter.

8. 见本章注释5, Lenton *et al.*, "Tipping Elements."

9. 见本章注释5, Carter and Barrett.

10. R. Biggs, M. Schlüter, D. Biggs, E. L. Bohensky, S. Burnsilver, G. Cundill, V. Dakos, T. Daw, L. Evans, K. Kotschy, A. Leitch, C. Meek, A. Quinlan, C. Raudsepp-Hearne, M. Robards, M. L. Schoon, L. Schultz and P. C. West. "Toward Principles for Enhancing the Resilience of Ecosystem Services." *Annual Review of Environment and Resources* 37(1): 421-448. 2012.

11. 见前一条注释。

12. The natural capital project, www.naturalcapitalproject.org.

ProEcoServ, www.proecoserv.org.

N. D. Crossman, B. Burkhard, S. Nedkov, L. Willemen, K. Petz, I. Palomo, E. G. Dra-kou, B. Martín-Lopez, T. McPhearson, K. Boyanova, R. Alkemade, B. Egoh, M. B. Dunbar and J. Maes. "A Blueprint for Mapping and Modelling Ecosystem Services." *Ecosystem Services*, Special Issue on Mapping and Modelling Ecosystem Services, 4(June): 4-14. 2013.

MIT OpenCourseWare: ocw.mit.edu/index.htm.

C. T. Hendrickson, L. B. Lave and H. S. Matthews. *Environmental Life Cycle Assess-ment of Goods and Services: An Input-Output Approach*. Washington, DC: RFF Press. 2010.

Stanford University's Environmental Assessment and Optimization Group:pangea. stanford.edu/researchgroups/eao/research/life-cycle-assessment.

13. J. H. Goldstein, G. Caldarone, C. Colvin, T. K. Duarte, D. Ennaanay, K. Fronda, N. Hannahs, E. McKenzie, G. Mendoza, K. Smith, S. Wolny, U. Woodside and G. C. Daily. "TEEB case: Integrating Ecosystem Services into Land-Use Planning in Hawai'i, USA." 2010. www.TEEBweb.org; www.naturalcapitalproject.org.

14. W. Klöpffer. "Life Cycle Assessment." *Environmental Science and Pollution Research* 4(4): 223-228. 1997.

15. J. B. Guinee, R. Heijungs, G. Huppes, A. Zamagni, P. Masoni, R. Buonamici, T. Ekvall and T. Rydberg. "Life Cycle Assessment: Past, Present, and Future." *Environmental Science & Technology* 45(1): 90-96. 2010.

16. T. M. Parris and R. W. Kates. "Characterizing and Measuring Sustainable Develop-ment." *Annual Review of Environment and Resources* 28: 559-586. 2003.

17. N. Z. Muller, R. Mendelsohn and W. Nordhaus. "Environmental Accounting for Pollution in the United States Economy." *American Economic Review* 101: 1649-1675. 2011.

18. The Inclusive Wealth Project: inclusivewealthindex.org.

19. UNU-IHDP, UNEP. *Inclusive Wealth Report 2014: Measuring Progress toward Sustainability*. Cambridge: Cambridge University Press. 2014.

第 4 章

1. M. S. Grindle. "Good Enough Governance: Poverty Reduction and Reform in Developing Countries." *Governance* 17(4): 525–548. 2004.

K. Andersson, G. Gordillo and F. van Laerhoven. *Local Governments and Rural Development: Comparing Lessons from Brazil, Chile, Mexico, and Peru*. Tucson: University of Arizona Press. 2009.

2. E. Hoen, J. Berger, A. Calmy and S. Moon. "Driving a Decade of Change: HIV/AIDS, Patents, and Access to Medicines." *Journal of the International AIDS Society* 14:15. 2011.

W. Hein and S. Moon. *Informal Norms in Global Governance: Human Rights, Intellectual Property and Access to Medicines*. Aldershot, UK: Ashgate. 2013.

3. G. Hardin. "The Tragedy of the Commons." *Science* 162(3859): 1243–1248. 1968.

4. C. Gibson, K. Andersson, E. Ostrom and S. Shivakumar. *The Samaritans' Dilemma: The Political Economy of Development Aid*. Oxford, UK: Oxford University Press. 2005.

5. D. M. Liverman and S. Vilas. "Neoliberalism and the Environment in Latin America." *Annual Review of Environment and Resources* 31: 327–363. 2006.

6. World Commission on Dams. *Dams and Development: A New Framework for Decision-Making: The Report of the World Commission on Dams*. London: Earthscan. 2000.

7. J. Jäger, N. Dickson, A. Fenech, P. Haas, E. Parson, V. Sokolov, F. Toth, J. van der Sluijs and C. Waterton. "Monitoring in the Management of Global Environmental Risks." Chapter 16 in Social Learning Group. *Learning to Manage Global Environmental Risks, Volume 2: A Functional Analysis of Social Responses to Climate Change, Ozone Depletion, and Acid Rain*, edited by W. Clark, J. Jäger, J. van Eijndhoven and N. Dickson. Cambridge, MA: MIT Press. 2001.

8. B. S. Frey and F. Oberholzer–Gee. "The Cost of Price Incentives: An Empirical Analysis of Motivation Crowding–Out." *American Economic Review* 87(4):746–755. 1997.

9. U. Gneezy and A. Rustichini. "Pay Enough or Don't Pay At All." *Quarterly Journal of Economics* 115(3): 791–810. 2000.

10. J. C. Cardenas, J. Stranlund and C. Willis. "Local Environmental Control and

Institutional Crowding-Out." *World Development* 28(10): 1719-1733. 2000.

11. E. Ostrom. *Governing the Commons: The Evolution of Institutions for Collective Action*. Cambridge: Cambridge University Press. 1990.

12. M. Cox, G. Arnold and S. Villamayor Tomás. "A Review of Design Principles for Community-Based Natural Resource Management." *Ecology and Society* 15(4): 38. 2010.

13. E. Somanathan, R. Prabhakar and B. Mehta. "Decentralization for Cost-Effective Conservation." *Proceedings of the National Academy of Sciences of the United States of America* 106(11): 4143-4147. 2009.

14. O. R. Young. *On Environmental Governance: Sustainability, Efficiency, and Equity*. Boulder, CO: Paradigm. 2013.

K. Andersson and E. Ostrom. "Analyzing Decentralized Natural Resource Governance from a Polycentric Perspective." *Policy Sciences* 41(1): 1-23. 2008.

15. E. Ostrom. "Polycentric Systems for Coping with Collective Action and Global Environmental Change." *Global Environmental Change* 20(4): 550-557. 2010.

第5章

1. Senator George J. Mitchell. Lectures on Sustainability presented at University of Maine, Orono, ME by Matson, P.A. "A Call to Arms for a Transition to Sustainability". 2012. vimeo.com/51780215.

W. C. Clark. "Mobilizing Knowledge to Shape a Sustainable Future". 2014. vimeo. com/112854984.

2. D. W. Cash, W. C. Clark, F. Alcock, N. M. Dickson, N. Eckley, D. H. Guston, J. Jäger and R. B. Mitchell. "Knowledge Systems for Sustainable Development." *Proceedings of the National Academy of Sciences of the United States of America* 100(14): 8086-8091. doi:10.1073/pnas.1231332100. 2003.

3. 这个故事由斯坦福大学讲师诺维-希尔兹利（Julia Novy-Hildesley）讲述，她曾在10年的时间里担任莱梅尔森基金会（the Lemelson Foundation）的执行董事，领导了该基金会在亚洲、非洲和拉丁美洲的用户驱动式技术的设计、传播项目。

4. A. Ahuja, M. Kremer and A. P. Zwane. "Providing Safe Water: Evidence from

Randomized Evaluations." *Annual Review of Resource Economics* 2: 237‑256. 2010.

5. National Oceanic and Atmospheric Administration (NOAA). About the Regional Integrated Sciences and Assessments Program. 2013. cpo.noaa.gov/ClimatePrograms/ClimateandSocietalInteractions/RISAProgram/AboutRISA.aspx.

J. Buizer, K. Jacobs and D. Cash. "Making Short‑Term Climate Forecasts Useful: Linking Science and Action." *Proceedings of the National Academy of Sciences of the United States of America*. doi:10.1073/pnas.0900518107. 2010.

6. T. Hellström and M. Jacob. "Boundary Organizations in Science: From Discourse to Construction." *Science and Public Policy* 30(4): 235‑238. 2003.

7. C. A. Palm, S. A. Vosti, P. A. Sanchez and P. J. Ericksen. *Slash-and-Burn Agriculture: The Search for Alternatives*. New York: Columbia University Press. 2005.

8. W. C. Clark, T. P. Tomich, M. van Noordwijk, D. Guston, D. Catacutan, N. M. Dickson and E. McNie. "Boundary work for sustainable development: Natural resource management at the Consultative Group on International Agricultural Research (CGIAR)." *Proceedings of the National Academy of Sciences of the United States of America*. doi:10.1073/pnas.0900231108. 2011.

9. N. Jones, H. Jones and C. Walsh. "Political Science? Strengthening Science‑Policy Dialogue in Developing Countries." Working Paper 294, Overseas Development Institute, London. 2008.

P. P. Mollinga. "Boundary Work and the Complexity of Natural Resources Management." *Crop Science* 50: S‑1–S‑9. 2010.

第 6 章

1. National Research Council (NRC). *Our Common Journey: A Transition to Sustainability*. NRC Board on Sustainable Development. Washington, DC: National Academy Press. 1999.

2. 关于福龙达的故事基于戈德曼环境奖（the Goldman Environmental Prize）网站上的历届获奖者传记信息，福龙达于2003年获得该奖。goldmanprize.org.

3. M. Nijhus. "A Peruvian Activist Takes on the Fishmeal Industry." April 18, 2003.

Grist.org.

4. S. Young. "Ray Anderson: Climbing Mount Sustainability; A Case Study about Ethical Leadership (teaching materials)." 2011.

5. B. Rosenberg. "Interface Carpet and Fabric Company's Sustainability Efforts: What the Company Does, the Crucial Role of Employees, and the Limits of This Approach." *Journal of Public Health Policy* 30(4): 427‒438. 2009.

6. 见前一条注释。

7. S. Minter. "A Net Gain for Sustainable Manufacturing." August 2013. Industry-Week.com.

8. 见本章注释4。

9. P. Lacy and J. Rutqvist. *Waste to Wealth: The Circular Economy Advantage.* London: Palgrave Macmillan. 2015.

10. A. Sen. "The Ends and Means of Sustainability." *Journal of Human Development and Capabilities* 14(1): 6‒20. 2013.

附录 A

1. W. C. Clark. "London: A Multi–Century Struggle for Sustainable Development in an Urban Environment." HKS Faculty Research Working Paper Series No.RWP15–047. Harvard Kennedy School of Government. Cambridge, MA. 2015.research.hks.harvard.edu/publications/workingpapers/citation.aspx?PubId=9812&type=FN&PersonId=124.

2. IESE Center for Globalization and Strategy. *Cities in Motion Index 2014*. University of Navarra, Spain: IESE Business School. 2014.

PricewaterhouseCoopers (PwC). *Cities of Opportunity (No.6)*. Delaware, USA: PricewaterhouseCoopers. 2014.

Economist Intelligence Unit. *The Green City Index*. Munich, Germany: Siemens. 2012.

3. Greater London Authority. "Context and Strategy" (chap. 1, para.1.52). In *The London Plan: Spatial Development Strategy for Greater London*. London: Greater London Authority. 2011.

4. P. Brimblecombe. *The Big Smoke: A History of Air Pollution in London since*

Medieval Times. London, New York: Methuen.1987.在第68页，作者还指出，如洛杉矶等其他城市在试图控制空气污染时，往往受困于当地易发生逆温现象（inversion-prone）的盆地属性，但伦敦毫无这种属性。

5. C. J. Glacken. *Traces on the Rhodian Shore: Nature and Culture in Western Thought from Ancient Times to the End of the Eighteenth Century.* Berkeley, CA: University of California Press, 336. 1967.

6. S. Halliday. *The Great Stink of London: Sir Joseph Bazalgette and the Cleansing of the Victorian Capital.* Thrupp, Stroud, Gloucestershire: Sutton.1999.

C. H. Green. *Case Study Brief: Sustainable Urban Water Management in London. (Input to deliverable 6.1.5–6 Comparative Analysis of Enabling Factors for Sustainable Urban Water Management)* Switch Project. 2010.

W. H. Tebrake. "Air-Pollution and Fuel Crises in Preindustrial London, 1250-1650." *Technology and Culture* 16(3): 337-359. 1975.

7. 见前一条注释：Halliday, p. 44, quoting H. T. Riley, ed., *Memorials of London Life*, 295. Metropolitan Archives.

8. 见本章注释6：Tebrake, citing G. Duby. "Medieval Agriculture 900-1500." In *The Fontana Economic History of Europe*, edited by C. M. Cipolla, 199. London: Collins. 1971.

9. 见本章注释6： Tebrake, citing *Calendar of Close Rolls, Edward I (1302–7)*, 537.

10. Museum of London. *London Plagues 1348–1665.* 2011.www.museumoflondon.org.uk/explore-online/pocket-histories/london-plagues-13481665/black-death-13481350.

11. J. A. Galloway and J. S. Potts. "Marine Flooding in the Thames Estuary and Tidal River c.1250-1450: Impact and Response." *Area* 39(3): 370-379. 2007.

12. 见本章注释9。

13. 这一措施和相关举措显然是有效的。詹纳已经证明，16世纪和17世纪伦敦的垃圾处理总体上组织良好，官员被要求每天至少在伦敦市中心安排两次街道清扫。[M. S. R. Jenner. "Early Modern English Conceptions of 'Cleanliness' and 'Dirt' as Reflected in the Environmental Regulation of London, c. 1530-c. 1700," （Ph.D. diss., Oxford University），especially chap. 2. 1991.]

14. 见本章注释4：Brimblecombe. 作者引用的著作来自17世纪的科学家如纽卡斯尔

公爵夫人玛格丽特·卡文迪什（Margaret Cavendish）、迪格比（Kenelm Digby）和伊夫林（John Evelyn）。

15. 见本章注释6： Halliday, quoting *Analytical Index to the Rememgrencia, 1579–1664* (Corporation of London, 1878), 482. Guildhall Library.

16. 营养不良在伦敦普遍存在，尤其是在穷人之中（坚实的硬数据要到后期才有。然而，18世纪中叶出生于伦敦的贫困儿童在长大后会比英格兰农村的同龄人或两个世纪之后出生于伦敦的儿童矮整整25cm左右。也就是说，几乎没有令人信服的证据可以表明营养状况的变化与重大疾病的暴发有关）。J. Landers. *Death and the Metropolis: Studies in the Demographic History of London, 1670–1830*, 66–68. Cambridge,New York: Cambridge University Press. 1993.

17. G. Twigg. "Plague in London: Spatial and Temporal Aspects of Mortality." In *Epidemic Disease in London (Center for Metropolitan History Working Paper Series No. 1)*, edited by J. A. I. Champion, 1–17. London: Center for Metropolitan History. 1993.events.sas. ac.uk/support–research/publications/923.

18. 见本章注释10。

19. Museum of London. *London's Burning: The Great Fire of London 1666.* 2005. museumoflondon.org.uk/explore–online/pocket–histories/what–happened–great–fire–london.

20. 见前一条注释。

21. R. Finlay. *Population and Metropolis: The Demography of London, 1580–1650.* Cambridge, New York: Cambridge University Press. 1981.

22. M. D. George. *London Life in the Eighteenth Century*, 35–36. New York: Harper & Row. 1965.

23. 见本章注释16：Landers, 47.

24. 见本章注释16：Landers, 47.

S. King. "Dying with Style: Infant Death and Its Context in a Rural Industrial Township 1650–1830." *Social History of Medicine* 10(1): 3–24. 1997.

J. Knodel and H. Kinter. "Impact of Breastfeeding Patterns on Biometric Analysis of Infant–Mortality." *Demography* 14(4): 391–409. 1977.

P. Huck. "Shifts in the Seasonality of Infant Deaths in Nine English Towns during the

19th Century: A Case for Reduced Breast Feeding?" *Explorations in Economic History* 34(3): 368‑386. 1997.

K. M. Jackson and A. M. Nazar. "Breastfeeding, the Immune Response, and Long‑Term Health." *Journal of the American Osteopathic Association* 106(4): 203‑207. 2006.

25. 这种进步在富人身上表现得最为明显, 他们很早就采纳了人痘接种法 (variolation)。对整个英格兰来说, 直到18世纪中叶, 公爵家族的预期寿命与平民没有什么区别, 平均都在30 ~ 35岁。在那之后, 富裕程度开始变得重要: 到了1866—1871年, 出生在公爵家庭的孩子有望活到60岁, 而英国人整体的平均预期寿命仍然在30岁上下, 只有前者的一半。B. Harris. "Public Health, Nutrition, and the Decline of Mortality: The McKeown Thesis Revisited." *Social History of Medicine* 17(3): 379‑407. 2004.

26. "疫苗接种" (vaccination) 一词是由科学家詹纳引入的, 他在1796年证明, 通过让人接触牛痘 (一种在挤奶女工中常见的相对温和的疾病), 后续可以保护其免受天花感染。詹纳的论文报道了他新方法的证据, 但被英国皇家学会拒绝了。尽管如此, 他还是坚持了下来, 私下发表了一份关于其发现的报告, 并将疫苗免费分发给所有愿意自己尝试或用于治疗他人者。尽管存在很多争议 (其中一部分来自人痘接种术的支持者, 当时这种医术已经建立起顺畅的流程, 不过效果较弱), 但詹纳和他的追随者取得了成功。到了19世纪初, 疫苗接种被广泛接受, 天花导致的死亡人数因此迅速下降。

27. P. E. Razzell. *The Conquest of Smallpox: The Impact of Inoculation on Smallpox Mortality in Eighteenth Century Britain*, 2nd ed. London: Caliban Books. 2003.

S. Riedel. "Edward Jenner and the History of Smallpox and Vaccination." *Proceedings Baylor University Medical Center* 18(1): 21‑25. 2005.

R. Davenport, L. Schwarz and J. Boulton. "The Decline of Adult Smallpox in Eighteenth‑Century London." *Economic History Review* 64(4):1289‑1314. 2011.

P. E. Razzell. "The Decline of Adult Smallpox in Eighteenth‑Century London: A Commentary." *Economic History Review* 64(4): 1315‑1335. 2011.

28. 见本章注释16: Landers.

29. 见本章注释6: Green, *Case Study Brief*; Halliday, *The Great Stink of London*.

30. 见本章注释6: Halliday, 52.

31. J. Simon. *Report of the Last Two Cholera-Epidemics of London, as Affected By the*

Consumption of Impure Water, 12. London, England: General Board of Health. 1856.

32. 见前一条注释：p.10.

33. M. Daunton. *London's "Great Stink" and Victorian Urban Planning*. 2004.www. bbc.co.uk/history/trail/victorian_britain/social_conditions/victorian_urban_planning_01. shtml.

34. 见本章注释6：Halliday, 107.

35. 见本章注释6：Green, *Case Study Brief*.

36. 见本章注释4：Brimblecombe.

37. 鉴于目前在发展中国家出现了围绕室内炉灶的争论，Brimblecombe的说法值得注意（见本章注释4，第55页），该处转述了17世纪初一位观察家的话："自他年轻时（16世纪中叶）以来，烟囱的数量大大增加。他写道，在那个时代室内烟雾被视为能使房屋的木材变硬，并可用作抵御疾病的消毒剂。"

38. BBC. *Days of Toxic Darkness: Interview with Barbara Fewster*. 2002. news.bbc. co.uk/2/hi/uk_news/2542315.stm.

39. BBC. *London Fog Clears after Days of Chaos*. 1952. news.bbc.co.uk/onthisday/hi/ dates/stories/december/9/newsid_4506000/4506390.stm.

40. M. L. Bell and D. L. Davis. "Reassessment of the Lethal London Fog of 1952: Novel Indicators of Acute and Chronic Consequences of Acute Exposure to Air Pollution." *Environmental Health Perspectives Supplements* 109: 389–394. 2001.

41. Social Learning Group. *Learning to Manage Global Environmental Risks. Vol. 1: A Comparative History of Social Responses to Climate Change, Ozone Depletion, and Acid Rain*. Cambridge, MA: MIT Press. 2001.

42. P. Benjamin. "Farming in the Himalayas; Living in a Perilous Environment." In *Institutions, Incentives, and Irrigation in Nepal*, edited by P. Benjamin, W. F. Lam, E. Ostrom and G. P. Shivakoti. U.S. Agency for International Development, Global Bureau Democracy Center. 1992.

43. Wai Fung Lam. "Improving the Performance of Small-Scale Irrigation Systems: The Effects of Technological Investments and Governance Structure on Irrigation Performance in Nepal." *World Development* 24(8): 1301–1315. 1996.

44. 见本章注释42。

45. 见本章注释43。

46. 泽布牛是一种重要的家庭资产，并不是每个家庭都富到了可以拥有一对泽布牛的程度（你需要两头才能满足耕田的需求；译者注：这就是术语"共轭"的本意，牛背上的架子为"轭"，它能使两头牛同步前进）。泽布牛的拥有者会根据固定的日租金将牛按对出租给其他贫穷的社区成员。

47. 1970年尼泊尔5岁以下儿童的死亡率为269‰（UNICEF. *Every Child Counts: Revealing Disparities, Advancing Children's Rights*. New York: United Nations. 2014.）。www.unicef.org/sowc2014/numbers.

48. 见前一条注释。

49. W. F. Lam and E. Ostrom. "Analyzing the Dynamic Complexity of Development Interventions: Lessons from an Irrigation Experiment in Nepal." *Policy Sciences* 43(1): 1-25. doi:10.1007/s11077-009-9082-6. 2010.

P. Pradhan. "Patterns of Irrigation Organization in Nepal: A Comparative Study of 21 Farmer-Managed Irrigation Systems." Colombo, Sri Lanka: International Irrigation Management Institute. 1989.

50. R. Yoder. "Locally Managed Irrigation Systems: Essential Tasks and Implications for Assistance, Management Transfer, and Turnover Programs." Colombo, Sri Lanka: International Irrigation Management Institute. 1994.

51. N. N. Joshi, E. Ostrom, G. P. Shivakoti and W. F. Lam. "Institutional Opportunities and Constraints in the Performance of Farmer-Managed Irrigation Systems in Nepal." *Asia-Pacific Journal of Rural Development* 10(2): 67-92. 2000.

52. P. A. Matson, ed. *Seeds of Sustainability: Lessons from the Birthplace of the Green Revolution in Agriculture*. Washington, DC: Island Press. 2012.

53. P. A. Matson, R. L. Naylor and I. Ortiz-Monasterio. "Integration of Environmental, Agronomic, and Economic Aspects of Fertilizer Management." *Science* 280: 112-115. 1998.

54. S. E. Freidberg. *Fresh: A Perishable History*. Cambridge, MA: Harvard University Press. 2009.

55. S. O. Andersen and K. M. Sarma. *Protecting the Ozone Layer: The United Nations*

History. London: Earthscan. 2012.

56. M. Molina and F. S. Rowland. "Stratospheric Sink for Chlorofluoromethanes: Chlorine Atom Catalyzed Destruction of Ozone." *Nature* 249: 810‑812. 1974.

57. 见本章注释55。

58. M. K. Tolba and I. Rummel-Bulska. *Global Environmental Diplomacy: Negotiating Environmental Agreements for the World, 1973–1992*. Cambridge: MIT Press. 1998.

59. E. R. DeSombre. "The Experience of the Montreal Protocol: Particularly Remarkable, and Remarkably Particular." *UCLA Journal of Environmental Law and Policy* 19: 49. 2000.

60. R. E. Benedict. *Ozone Diplomacy: New Directions in Safeguarding the Planet*, 105. Cambridge: Harvard University Press. 1998.

61. 见前一条注释。

62. World Meteorological Organization. *Atmospheric Ozone, 1985: Assessment of Our Understanding of the Processes Controlling Its Present Distribution and Change*. Geneva. 1985.archive.org/details/nasa_techdoc_19860023425.

63. UNEP. "United Nations Environment Programme: Montreal Protocol." 2011. ozone.unep.org/new_site/en/montreal_protocol.php.

致　谢

本书中的观点反映了我们通过数十年的个人研究、教学和外联工作所获得的个人经验，但最重要的是，它反映了我们从众多亲近的同事那里学到的东西。在值得感激的众多人士中，我们尤其感谢 Partha Dasgupta, Bob Kates, Bill Turner, Lin Ostrom, John Schellnhuber 和 John Bongaarts。在他们的参与和帮助下，我们尝试了大大小小各种方式，终于对"朝向可持续发展的转型需要哪些要素"构建起明确的说明。我们要对他们衷心地说：感谢你们提供的灵感、想法和鼓励。

还有许多人同样给予我们激励和鼓舞。我们要特别感谢 Peter Vitousek, Anni Clark, Carla Andersson, Stephen Carpenter, Roz Naylor, Ruth DeFries, Ganesh Shivakoti, Danny Lam, Diana Liverman, Julia Novy–Hildesley, Banny Banerjee, Theo Gibbs, 还有我们的孩子 Liana Vitousek, Michael Vitousek, Graham Clark, Adam Clark 和 Markus Andersson。

这本书受益于众多审读者的建议，我们向他们表示衷心的感谢（任何错误的责任都在作者，我们绝不推卸）。Kai Lee, Ruth DeFries 和 Kimberly Nicholas 对全书初稿的深度审读向作者提供了极大的帮助，Kai 和 Kim 还再接再厉为第二稿提供了同样高质量的评论。Noelle Boucquey, Andy Lyons, Jesse Reeves, Alan Zarychta, Kelsey Cody 以及我们在斯坦福大学、哈佛大学和科罗拉多大学开设的本科课程的众多学生，也对本书的早期版本进行了热烈讨论并给出了有益的评论。

如果离开了 Noelle Boucquey 和 Peter Jewett 在知识储备和运筹保障方面的贡献，本书的各次版本是不可能完成的。我们衷心感谢他们，是他们提供的帮助使这本书的出版得以实现。

多年来，有很多资助者对这本书中涉及的研究和行动项目进行了支持，我们对他们全体表示感谢。就本书的撰写过程而言，我们尤其要感谢意大利环境、领土与海洋部（Italy's Ministry for Environment, Land and Sea）提供的资助，当然，还要感谢我们各自所在大学的支持。

责任编辑　彭容豪
封面设计　李梦雪

ZHUIXUN KECHIXUXING KEXUE YU SHIJIAN ZHINAN
追寻可持续性——科学与实践指南

［美］帕梅拉·马特森　　［美］威廉·C.克拉克　　［美］克里斯特·安德森　著
丁进锋　李　俊　译

出版发行　上海科技教育出版社有限公司
　　　　　　（上海市闵行区号景路159弄A座8楼　邮政编码201101）
网　　址　www.sste.com　www.ewen.co
经　　销　各地新华书店
印　　刷　上海新华印刷有限公司
开　　本　720 × 1000　1/16
印　　张　14.75
版　　次　2024年12月第1版
印　　次　2024年12月第1次印刷
书　　号　ISBN 978-7-5428-8276-9/G·4954
图　　字　09-2021-0317
定　　价　58.00元